町づくり

疲弊する地方都市
本当の地方再生とは何か

山﨑 秀男
Yamazaki Hideo

風詠社

町づくりとは、つまるところ人々の生活の事だ。それは、老人対策であり、子供対策であり、共稼ぎ対策であり、共存・共栄対策であり、安心・安全対策であり、そして何よりも、未来対策である。東日本大震災に遭った者としては、当然として津波対策であり、洪水対策等の治水対策で有らねばならない。

目次

装幀　2DAY

町づくり

疲弊する地方都市　本当の地方再生とは何か

第一章　被災―置き去りにされる地方

◉はじめに

私の住んでいる町は、東北のそれも東北地方太平洋沖地震（東日本大震災）で被災した町である。震災から五年を経て、八月末には台風十号に見舞われた。

我が社は、震災で一メーター八〇のヘドロを被り、また七〇センチの洪水にも見舞われた。ダブルパンチである。

昭和二十三年のアイオン台風の時、母なる川（閉伊川）からの洪水で、やはり一メーター八〇の泥水をかぶっている。故郷に対しての自然は非情である。七十年前の洪水の後に、両側に土堤防が築かれた。あの時から見ると河床が二メーターも上がり川の両岸、川の中州には胡桃、柳、合歓木、ニセアカシヤの木等の林になって、それぞれの木は直径六〇センチは超えている。この状態の所に台風十号が来た。そして高くなった河床を河川敷の大木を巻き込んで洪水が起きたのである。川沿いに住んでいる人たちは、何遍も砂利を取って河床を低くするように陳情を繰り返したが、県は予算がないとけんもほろろであった。

そして、今回のように洪水が来て、甚大な被害があった。これは人災というのではないか。この復旧工事でまた数十億円かかるだろう。

二〇一七年八月四日から、九州福岡市、大分日田市を襲った九州北部豪雨による線状降水帯の被害は、台風の状態とは異なるけれど、異常流量は同じで、むしろ台風よりは、異常降雨状態が長く続き破壊力は大きい様だ。

【福岡大学　渡辺亮一教授】
「われわれが見込んでいる洪水であれば、十分橋の下を流すことはできる。ところが今回かなり長い流木が多い、こういうものが中小河川の橋にそのまま引っかかり始めると、それを中心にそこにどんどん（土砂や流木が）積もり始めます。そうすると橋の下を水が流れるスペースがなくなると、その次に水位が一挙に上昇する。周りの民家の方に、もの凄い勢いで流れ込み始めて、その流木もその流れに沿って住宅街に入っていってる印象を持つ。川の流れももの凄く速いし、その流れに流木が流れていくと当然その流木があたった箇所の衝撃は強い。今回起こった災害は朝倉特有の災害ではなくて、（植林された）森の状況は全国各地どこでも普通にある状態だ、全国どこに行ってでもこういった災害に遭う危険率が高くなっている」。

行政の対策は後処理対策で、まるで人が死んでからようやく手をかける事を良しとしている様だ。人が犠牲になってからしか対策が講じられないという特徴がある。

これらの任にある人は安全な所で育ち、今後も安全な場所で過ごすという条件のもとで暮らしているから、緊急性を感じないのであろう。

問題は、行政が今後どの様に普及し、どの様に持続させるか。そして毎年の川に対するメンテナンスをどの様に進めるかが問題であろう。要するにその後の河川管理をどの様に進めるかが、その周辺に住んでいる住民を大切にしているかに通ずる。

橋の橋脚を浅く作り付けて、その後にたまっていく良質の土砂を積み上げ、道路より河床を高くして住民を泣かせ、普及で大きな費用をかけていく今までのやり方を踏襲していくかは、それぞれに位置する住民は注視しなければならない。

津波対策としての補強時に上質の砂利を利用し堤防作りに利用してくれと言っても、山からの採石と、大きな船でどこからか移入し、間に合わせているのが現状だ。河川敷の大木は、それぞれウッドナッツ材等高級な木材である。それを売る事と、川砂利を建材として販売する事等で費用が生み出せるはずだ。

また、今回泥水が二日も引かなかったのは、河口に大きな可動堰を設置中でこれが原因である。これも明らかに人災である。津波はたびたび来る訳はないし、洪水は頻繁に来る事を考えると優先度が明らかに違う。ますます住民は宮古を捨ててよそに行くだろう。すべて完成したあかつきには住民が居なくなり、何のために作ったのか判らなくなってしまうだろう。泣きたくなる情景である。

また、東北地方太平洋沖地震の津波が、中心街商店街を襲い、その為木造の商店はほとんど解体された。

震災後六年を過ぎたのに、目先の復興だけを考えて今後（未来）を考えていない。

宮古の商店街は、道路の拡幅が決められているので、もともと奥行きのない店が多かった。また奥行きのない店を建てても、次の策がなければ意欲は湧かないことは当然であろう。

田舎の町で何で広い道路が必要だろう。もっと詳しく書けば、昭和十六年に二〇メーターに設定された。これは当時の中型戦車が砲身を建物にぶつからない幅と言われた。ところが今もって一四メーターそのままである。津波以前は、基準の通り立て直すには二〇メーターの幅の道路にするために、ほとんどの店舗は小屋しか建てられないので、改築しか方法がなかったのだ。十年ぐらい前にこれを商店街で陳情し一六メーターに直して設定された。ところが各商店街は、今もって誰も建て替えてはいないのだ。条件はあまり変わらないと判断していたからだ。何故なら建て替える時は、それぞれ引っ込めて建てなければならないからである。

再建するとすれば、もともとが奥行きのない商店街であり、奥行き一〇メーターから一五メーターの建物が狭くなる。

津波が襲い、その為解体し、いよいよ現実に店舗を再建しようとする希望がなくなった条件になった現実なのだ。

現実としては、道路は片側通行で、宮古駅から病院、旅行（観光）等、最も便利である所が有効活用されていない。そして商店街としては無電柱化を行えば道路幅は充分であると考えている。町づくりの中心には、キチッとした商店街があり、高層化して二階から上か、三階から上は、県営及び市営の住宅をつくり、人を集める工夫が一番であろう。そして、その中には二世帯が住む住宅を多く造ること、これは子供対策であり、老人対策であり、共稼ぎ家庭の支援が出来る。さらに、この条件に該当する人には、所得税の軽減をすること。これが出来ることは津波対策であり、洪水対策であり、老人対策であり、子供対策であり、環境対策であり、共稼ぎ対策になるのである。

◉置き去りにされる地方

さて、現代の私たちが全国民にとって、町がそれも商店街が、そこに住む〝私たちの財産〟だということを忘れているのではなかろうか。共同体の成り立ちは複数の要素の中に、生産に属する人たちと消費者に分類される人たちの生活から成り立ち、それらが複雑に絡み合って、集落が出来る。そして、これらの固まりが大きくなって町になっている。

特に日本の戦国時代には、織田信長が四六時中戦いを展開するために不足する戦力を補う必要があった。要は、百姓を兵士にしなければならなかった、その為にはそれを専業化しなければならないと考え、時の権力者が「楽市楽座」という都市・商業政策を考案し、作られた要素が強いと思われる。

そして商人は、その役割の中で存在感を示し始めた。世界史の中での成り立ちはそれぞれ違ってはいるが、町づくりの中心的な役割が絶対視されてきた歴史であろう。しかし日本の場合は、それぞれの為政者たちは、生産者しか見ていない不幸があり、あった。先進国では、産業革命以後は絶対的に商業を町の中心部に配置して、大型店の蹂躙を排除している、いわば守っている要素が大きかった。

しかし、日本の商業・商店街は、特に第二次大戦以後、町は無国籍の特徴のないものに変わり、その時々の権力者が権力をふるう道具に成り下がり、町は都市形成の芯となる物なのに価値を低下させた。そして、これはそこに住んでいる人たちと商店街は、この価値を下げた一員でもあるのだ。その為に公という巨大勢力あるいは国が外国、特にアメリカに通商取引という名目で全国フリーにした結果、衰退を早めたのである。ところがその時期に、アメリカ本国では各都市がそれぞれの町を守るために巨大資本、大店舗を出店しようとしていた勢力に抵抗し、営々と築いてきた町を破壊から守るために法廷闘争をしていた時期であったのだった。

アメリカにおける商店街は、経済と人が和む拠点と位置づけていた。この考えは今は、さらに強力に町づくりの核としている。ところが日本では官僚・政治家は、農業・漁業・製造業だけが日本を形作っているが如くに考えている。これは現在も同じだ。生産する部門と、消費する部門が一セットと考えていないことが、根底にあるからだ。官僚には基本的に残念ではあるが、この意識はない。したがって今回の震災時にあたっては商業者には、その他の十分の一も援助してくれなかった。羨ましいわけではないが、水産関係、そしてそれに準じた企業に、それ以前よりも規模を大きくできる様な仕掛けを作り優遇した。そして縦割り機構の商工会議所、日本商工会議所には力が無かった。日本商工会議所の会員は、巨大企業の会長ないし社長で、東京以外は、日本とは考えていないように見えた。

根本は国の官僚が頭の隅にも地方のことを考慮していないように見えている。僻みだけではないと思う。そして県及び市町村の職員は、国の動向だけを注視して市民の方は半眼でしか見ない。その結果は、そこに住む者も、そこから出ていった者も振り向きもしない。

しかし、なぜ日本の商店街は、住民に特に官僚たちに価値を見いだされていないのだろうか。農業、漁業、製造業、専門職等は厚遇されているのに商業は勝手にやってくれ、と言う接し方をされている様に見える。士農工商の身分制度が、そしてその名残が終戦まであったと感じてはいたが、この国には基本的に、そのような感覚があるのだろう。

アメリカ、ヨーロッパあたりの都市づくりを見ていると、はっきり商店街の入っている町づくりがされているし、大型店は意識して出店できないようにしている。アメリカでは都市として条例で大型店舗の進出を排除している。住民が集まり町を形成し、その土地に住む人が生き甲斐を感じる町づくりがそれぞれの自治体及び市民に選ばれた議員たちの守るべき仕事であるという自覚を持っているのだろう。

皆、東京都と同じである必要はない。地方の時代とは、それを守るべき条件を作り、それを市民が享受して貰う事が意味合いである。それが市民生活の中にきっちり位置づけられているか。今もそうは見えない。何故だ？　日本では商店街に色々な業種、パチンコ屋とか飲み屋とか何でも入ってくる。町づくりの根本的な仕分けをやりたい放題に、つまり野放しにしている。したがって十年も経過すると商店街はその魅力と価値を失う。

町は生き物だから当然とわれわれは了解してきた。ところが町づくりという観点から見ると、そこに住んでいる住民は町の中心部がしょっちゅう動いていては色々の仕掛けが生きてこないことに気づいてきている。この考え方は、特に町づくりの基本を為すものではないだろうか。つまり町の責任者や、商工会議所は客観的にそれも常時監視しながら町づくりをしてこそ、自分たちの町といえるのではなかろうか。

青森市、秋田市を見ていて大規模小売店の去っていった荒廃した土地は、まるで怪獣が食い荒らしたあとにしか見えない。そしてその町の年齢構成を調べると再生が困難な常態と思えて仕方がない。盛岡も市の西側を開発したが、中心部の荒廃は見たくない光景である。市の責任者、県の責任者は何の痛痒も感じないのだろうか。選挙に勝って権力を握っているだけで満足しているのだろうか。「大店法」とは大型店を日本の隅々に入れて食い散らかし、そして去っていく事を奨励した法律であって、われわれそこに住む者にとっては、なにも大事にすることはない法律であると考えられる。住民よりも大企業の論理を全うさせたいのだ。

どうかしていると思うのは私だけでは無いはずなのだが、住民はみな無言である。

今はどの年代の人に尋ねても、町に対しての思いが聞こえてこない。そしていそいそと今日の食べ物、自分の趣味、狭い範囲の仲間とほくそ笑みながら一日を過ごしているが、ふと立ち止まって町を見回し、顔をしかめて足早に去っていく。まるで一番大事なものは、今日の暮らしと快楽だけが、俺の人生なんだ、とばかりに。苛立った気持ちでこれを記し、諸兄の意見を伺い、一方では同情者を募っている自分が悲しい。

今、一人ひとりが大事な時だ。

一人ひとりの塊《かたまり》ではなく、その地域《コミュニティ》が相互に保ちあって、その文化を形成していく。

お互い一人ひとりを考えられる人だけが、その素晴らしい町を作る力を与えられている。

町づくりに対して絶対的に必要な要素は、人が交流し集う所だという基本的なことを抜きにしては、心が通った場所には成らないし、住民がいつもチェックしていなければならないぐらい繊細に付き合っていく必要がある。

また商店街は、その基本理念を何処にさだめるかが大切になってくる。それはポイントとしてマーケットの狙いとしなければならない。大企業の支配するマスマーケットに対してコアマーケットであるから弱いのだ。つまり個性を重んじるコアマーケットである。売るという目的は共通でも自分の支配できるスキーム（計画を伴う枠組み）を探すことがスタートで、それをキチッとお客様とのやり取りの中で表現することが、この田舎では第一であろう。このやり方の集合が商店街でなければは、マスマーケットに負けてしまう。

町づくりは、ターミナルを中心に高層化し二・三階以上を市営、県営の或いは民間のアパートとして、大家族制を奨励した方がよい。そしてその方向に行く家族を減税対象にしたら効果が現れやすいのではと考える。

少子高齢化は、今以上に進む。高齢者と子育て世代を含む人間関係を濃密にし、郊外に建てている住宅を別荘化し町の中の住宅を日常使用する住宅にして町としての人間関係を育む土壌とする。

その結果、子育て中の両親は子供たちの世話を、爺さんと婆さんに頼んで、共働きで仕事が出来る。当然その時は、若い親たちは予め子育ての思いを具体的に語って理解して貰う事が重要である。当然細かな事は抜きにする事が鉄則である。爺さんと婆さんも自分たちの考え方は伝えておく事も忘れない様にする。問題が起きたときは話し合う。爺さんと婆さんは自分たちに役割があるという事に意義を感じる。役割がある事は、気持ちも肉体も若さを保てる。年寄りの理想は、ある日ぽっくり逝く事で、出来るだけ介護されない状況が理想である。

フランスでは、一世帯に二家族を同居する事を奨励し、減税の対象にしていると聞く。この結果、子供たちの出生率が向上していることを、為政者は意識しなければならない。

わが国は戦後、徹底して個人主義を目指し、今がある。そして今、「世帯課税」の導入に向けた勉強会をスタートさせることが分かった。「N分N乗方式」とはフランスが導入している世帯課税の代表的な方式である。少子化に歯止めをかける所得税改革と位置付け、政府・与党が個人単位から世帯単位へと税制の見直しを検討するとの方針を示し、本格的な議論につなげる考えだ。

所得税は所得が大きいほど税率が高くなる累進課税で、現在は五％から四五％までの七段階。現行制度は個人に課税するため、共働きの場合は夫と妻にそれぞれ課税される。これに対し、N分N乗方式は、課税所得を世帯で合計して家族の人数で割り、税率を掛け合わせて一人当たりの税額を算出。さらにこの額に家族の人数を掛け合わせ、世帯が払う税額を決める。

課税所得は、家族の人数で割ることで決まるため、子供が多い世帯ほどより低い税率が適用され、税額が少なくなる仕組みだ。所得が一千万円で両親と子供二人の四人世帯の場合、控除を省略して考えれば、課税所得は四分の一の二百五十万円で適用される税率は一〇%。同じ所得の単身世帯に税率三三%が適用されるのと比べ、所得税額は三分の一以下になる。

N分N乗方式は、フランスで一九四六年に導入され、八〇年代に拡充された。同国の二〇一五年の合計特殊出生率は一・九六と日本の一・四五を大幅に上回っており、N分N乗方式が人口減少を食い止めたと評価されている。一方、もともと所得税額が少ない中低所得世帯への恩恵は限られる。

自民党も〇七年度税制改正で議論したが「効果が出るかどうか判断できない」として見送った経緯がある。

人間の肉体は、他の動物より華奢に出来ているけれど、頭を使うという特性がある事を理解出来るのではないだろうか。そしてそれは地球上で一番繁栄している証拠であると学者の方々が色々の場所で言っている。

【注】N分N乗方式とは：フランスの所得税制は、日本と同様、所得が多い人ほど高い税率をかけられる（累進税率）。

課税単位については、日本のように同じ家族であっても個人個人で各税額を算出して税金を納める個人単位課税ではなく、家族全員の収入額を一旦合計した上で、その家族の人数で収入額を割った金額に税率をかけ、そこで算出された税額に家族の人数をかけて最終的な納税額を計算す

る制度になっている

このように収入額を、家族の頭数で割った金額に対応する低い税率が適用されるため、同じ収入金額の家庭を比較すると、家族の人数が多い家庭ほど、納める税額を低く抑えることができるので、子供の多い家庭ほど税金が安くすむことになる。このために、出生率が高まり人口が殖えてきたと言う。

老人医療費を削減するには、老人が生き生きする条件を作ることは、結果において意義があり大切な事である。

一方、これからの日本は一世帯に別荘或いはそれに準ずる家を持つことを当時の建設省（現国土交通省）は勧めた。たしかその例を説明するときにフランスでは一世帯で二軒の家を持っているが、日本でもその様な条件が整いつつある、と誘いをかけたと記憶している。

そして余裕のある人は実行した。日本人の大多数は集団的思考になりやすい。そしてその時、各自治体が住宅団地を造り安く売り出し始めた。そこは町から遠かったり利便が悪かったりした土地が多い。民間の業者も土地造成をし、売り出したが地方には大手の業者は進出してはこなかった。彼らは大都会の方がうま味が大きいから地方は後回しであった。当然、地方の業者がその真似をしたけれど高くつく。したがって自治体で造る団地が安く住民たちが団地造成の陳情をした。その隣接地に市営アパートをつくり、それを貸し出したので自分の条件にあった方を選んだ。しかし実は、やがては一戸建てをと希望を先に延ばす人が沢山いたのだった。自治体もその要望に沿って次々に造成地を郊外に広げた。

一方、当時の総務省は日本各地の人口予測を発表し三大都市圏を除いた地方の減少を発表していた。私の住む宮古市も二〇〇〇年には、人口が五万人を切り四万人に限りなく近づくと予想されていた（この数字が発表された当時は町村の合併を予測していなかった）。

日本の不幸はフランスとは違う。フランスでは、当時も今も平日は都市のアパートに住み、週末には郊外の別荘に行く。二戸を所有していても生活の実態はアパート。日本では生活の実態は郊外で、毎日の暮らしを立てるために町に通う生活だ。特に以前は商店街の場合、たいがいの家は自分の持ち家で商売をしていた。

つまり二階に住んで、一階で商いをしていたところが大多数であった。これが生活実態を郊外の団地にして、町に住まなくなって商店街に通う生活になった。この状況は未来を予測しない町づくりが当然、と官僚もそこに住む人たちも考えた結果である。

特にその商店街に住んでいた商人は、自分たちがそこの生活者であるという認識が欠落していた結果でもあるし、客観的に考える立場にいる市役所職員は将来の予測も、職員としての責任も持ち合わしていなかったという不幸が、今を出現させていて、その仕事が未来を作るのだという認識に欠けていたこの現実。

県の職員は市町村の上にあるという優越感だけで示唆し、むしろ各市町村を回って団地作りを奨励してきた事実。この罪は重い。

商店街は、そこに買い物に来る人ばかりではなく、生活している人もお互いに利用していたことをすっかり忘れていたのである。これが商店街の退廃と崩壊である。お互いの利用し合いが崩れたのだ。商人の頭の中は、自分の店に来てくれるお客は全部がよそから通ってくるお客だけだと勘違いをしていた。つまり人口減少が予測出来たのに拡張だけを考えて団地を造り続ける県と自治体、同時に商店街を構成していた商人たちの勘違いが相乗しあって商店街が衰退した。

自治体は、税金が取れなくなる構造でも一生懸命に作っていたのである。当時、自治体の職員はこううそぶいていたことを思い出す。市民からの税金は微々たるもので実態は、交付税が市町村経営の主体だと。したがって市民の思いは間違っていると説明された事を憶えている。

今も市民も自治体の職員も将来について根源的なところを見落としている。何時までもこの呪縛から抜け出せないと住んで居る人がいても、土着民は居なくなり、本当の意味の共同体を大切にする人は居なくなる。そして、今いびつに作られた集落が存在している現状になってしまった。

端的に言えば、人口の減って行く町と増えて行く町では、時限を限って言えば公の経営も個人の経営も、将来という視点と理想郷を作るという希望があるか欠落しているかで分かれる。

個人的なものは自分だけ責任をとればよいが公は立場が違う。現在と将来を希望あるコミュニティにつなげて行けなければ、仕事をしていないという重要且つやっかいな部署なのだ。もし生活のために公の仕事をしているとするならば、住民にとっては甚だ不幸だし、それぞれに追求されるべき部署と認識をすべきである。それが官僚の意識でなければならない。しかし、現状は殆ど無気力な職員が市民の事を考えないで仕事を消化していく。市民のため市民の将来のための役所ではなく、市民の役に立とうが立つまいが仕事という業務を消化していく、無気力に。

もし、そうでないなら今の状態になる事は、いち早く理解していたはずだ。政治家だって、この案件を決めるとどの様な国の様相になるか想像出来る立場にいる。しかし、何もしてこなかった。重大な責任が有るではないか。もし無償で働いていたら私たちはそれほど責任を言うまい。

第二章　今の町づくりの方式は間違っている

◉今まではこれで良かったのに、なぜ！

世の中には変えてよいものと、変えては駄目なものがあるが、町づくりに対しての根元的な考え方は、変えては駄目な部類に入るだろう。

例えば、「パリ・エ・ツォジュール・パリ」（パリはつねにパリで変らない）とパリジャンは言うそうである。国際問題評論家の倉田保雄氏は一九七〇年からパリに住み、歴史を見ながら、その後を検証して言う。「パリは変らないように変っている」つまり総論で不変、各論で有変という事で、結論としては「パリはつねにパリ」だとも言う。

また、これからの町づくりを考える時、今までの地方都市としての町づくりだけでは繁盛しないだろう。木村尚三郎・東大名誉教授は、こんな事を言っている。それは「私の都市論」という一文に、

「……都市の機能の本質は住民とよそ者との交流だ。住民とよそ者同士の異なった個性の出会いやぶつかり合いが、都市に活力を与える。よそ者を排除するのは農村の発想。都市の活力は居住人口ではなく交流人口で決まる。人の交流が都市の活力のバロメーターになる。パリは交流都市の手本だ。パリに着いたばかりなのによく道をたづねられて驚く。人種、国籍など問わずすべて

を包み込む都市の魅力がある。よそ者をよそ者として排除しない許容性がある。都市とはよそ者に開かれた自由な空間であるべきだ。安心感を与えることが都市の第一条件。住民本位の町づくりなどナンセンスだ。日本の都市の今後を考える場合、寺に注目したい。交流が生む緊張や摩擦の解消に必要なのは、人間の五感を柔らかく刺激する『感性』だ。暗がりに揺れるろうそくの炎、薄く薫る線香、穏やかな鐘の音。寺には知らない者同士の心を通じ合わせる五感の『感性』の力が凝縮されている。西洋の教会も同じだ。人間が仲良くなるのは理屈ではない。必要なのは『理性』ではなく『感性』が持つ親和力だ。交流は人々を自由にする。生まれた土地に固執する必要がない。」とつづく。

もともとの町の人々を戻すことは考えない方が良いと言うことだと思う。この町を、ここの生まれでもそうでなくても良いということは、この町に住んで一生を過ごしたい人を基本的な考えとして町づくりを考えた方がよい。

これは世界の国々を眺めて、そう思うのだが、町の仕組は生活するところ、働くところ、遊ぶところ、特に今は精神的にゆったりするところに区分し、それは変えたくない。

そして、その後は小さな変化以外は考えない事が基本的な町の姿で良い。

ところが何故か日本の大都市を含めた市町村は、住民含めてその認識は驚くほどまったく無い。大きい事は良い事だとばかりに町の大きさを競い合う事が主流であった。そしてその行為が今も続く。それが、

中心部を空《から》にしていく行為につながっている。

ほとんどの町の人が減っている中で、人の住む面積は拡大している。それも一夫婦一単位毎に家庭を作るように、国及び県を実質的に解体し、個人主義を助長しようとする団体、及び世界基準にして経済活動をやりやすくする事が自社に利益をもたらすと考えている企業及び自治体が結果的に奨励しているためだ。

私が知る限り、日本という国の形は、市、町、村のそれぞれに特性があった。しかし、今は、それぞれが特徴を無くし、その集合体に見える。それを国とするならば、価値はない。

今、日本が経済の一元化を奨励している。それは地方及び中小企業、一部の可能性のある者を除いた大多数の中小企業が消滅のシナリオに向かって行く危険を意識してはいない。しかし、ここで政策を転換する最後のチャンスだと思うのである。この範疇にある企業に就職している人員の膨大さを考えてみるべき時である。

例えば、形として言えば、市民の密集度を薄くするために団地を沢山作った。それは市の単位でも、県の単位でも共通だった。特に県では住宅公社なるモノを作った。岩手県では県職員の二百人前後を張り付けて、各市町村に団地造成を奨励をした。

これでは町の将来像が描けまい。未来を約束した、そのおおよその団地が老人医療を受ける予備軍を作っている。このやり方は、国民の全てを東京を含む首都圏を、中心軸にむきあわせる事を意図した構図と考えている作業を継続してきた結果であろう。

口では「今や地方の時代だ」と言いつつも作業は、一つの餌に喰いついている、養殖魚のような形である。それに集まる身体能力のないものは、落ちてこの世から消えていくしか方法がない図式だ。地方自治体の首長たちは、相当数が政府機関からの予算獲得に慣れた役人上がりが勤めているのが、実情になっている。今後もこの形の人間が増えるだろう。そしてそれは、地方の特性を生かす事とは離れた能力が必要になる。

官公庁だけではない。民間も少し大きくなるには首都圏に社員を置かなければ取り残されると、躍起になっている。当然一部上場企業は、地方に本社があっても、東京本社を作って活動している。生きる為に国のＯＢを雇って、実績を上げなければと躍起になっている。

また、国の高級官僚や地方の県及び市町村の職員は、条例も作れないとうそぶいてみせている。だから、中央集権は崩れない。これではいつまでも地方発信が出来ないし、地方ごとに町を守る法令を作られては、今の国の官僚は困ると思っている様に見える。したがって今の国及びその職員は安泰である。

話を戻すと……、

老人を早くターミナルの近くに移住させ、町を闊歩させて意識と肉体を若返させる条件を作らなければならない。この時、健康体の人が多い役所をターミナルに持って行く様な馬鹿な考えは捨てるべきである。

しかし、それよりも考えてみよう、団地の住民の高齢化が進み、山を切り開いて造ったため交通の便が悪くなり一気に介護度が進む。そしてバスの便数が減り、益々この現象は誰の目にもはっきり映っていよう。つい四年ぐらい前までこの政策が存在した。一九九〇年代の総務省の人口予測及び年齢構成がはっきり分かっているなかで、それは堂々と実施された。これは何を意味しているかと言えば、予算の浪費ではなく犯罪が合法的に実施されていることと同じだと思う。最初は住民のためであった事業が、終わりにはそこで働く職員とその仕事で事業が成立している一部の関連業者のために、血税を浪費している行為、これが犯罪でなくて何であろうか。

何時の場合も官公庁のやっている仕事は、民間の業者で間に合うことをすると、結果としてこのようになってしまうという例であろう。この時、政治とは何であろうか。民衆のための政治とは何であろうかを自問自答しなければならない。経済とは経世済民の事だったはず。中国の古典によれば、「世を経（おさ）め、民を済（すく）」うの意味なのだ。そろばんをはじくだけの意味ではない。

高齢化社会に向かい、老人問題をどの様に誘導するのが良いか。実はそこに住んでいる人たち、またはこれから住む人たちが決めることが一番なのだが……。

個人の権利、民主化を異常に発達させようとした終戦直後のＧＨＱの作戦通り、日本は本来の和の国としての考えを希薄にさせ、集団としてのまとまりよりも個人を重視する。同時にこれは超民主主義に進んでいる事でもある。しかし、二〇〇〇年前の皇帝ネロの時代より前に民主主義は破綻したことを覚えているだろうか。そしてその後に暴君ネロが出現したことを考える必要があろう。

ここで、価値ありたい日本人であるわれわれが、それを放棄し、集団を放棄し、民族を放棄し、住民を放棄する図式に進んでいることに気づいているのに黙っている事は無責任のそしりを受ける。特に今の政権党も、勿論野党も歴史を直視すべきであろう。

いや世界の先進国は一人が大切といいながら世界を均一化させることがよいように仕向けている。アフリカの東部に人間が生まれ、それからの約五百万年を経過し、それぞれの住む気候風土によって身体の色が違い、気質が違い、生活の習慣が違い、そして多様な人種が発生し、これが今のような面白い習慣、考え方、バラエティーに富んだ多様な考え方が生まれ、それぞれの文化が育ち、その上に国の特徴、その国の自然の中に育まれ、歴史的な積み重ねがあり、それらが擦り合わされた結果、独特の文化が生まれると言う。それぞれか言いようのない独特の暮らしを形成してきた素晴らしい文化が、今世界経済の一元化と言う理由で失われようとしている。

私たちはこの危機をもっともっと認識し、意識的に発信をし、その土地、その土地の生き方、考え方つまり多様化の持つ、ふくよかな文化を失わない仕組みで守っていかなければ地球上の豊かさが無くなってしまうだろう。

また国も地方自治体も公共交通が大事だ、大切だと言い、資源が有限だと言いながら、個々人が、それも一人ひとりが自分の車を持つ様に住民を誘導している。

並行して、現代の人々は物があるから裕福なはずと簡単に片付けてしまっている。私たちはその為に心が貧しくなって行く事を知り行動を起す時ではないだろうか。この事の危機感を持ち続けなければ、今の〝意識しないようにしてこれが世界の価値観なのだとしている流れ〟を排除できない。

　このことは、将来自分たちが日本中の何処にいても同質の日本人。そしてそれが住みよい世の中である事にはならないことを認識しようではないか。

　私は、世界の中の何処にいても、均一なサービスを受けられる、この平等な中の生活を提供することが公の仕事として、それに予算を重点配分をする。これが本当に地方の特色を助長する考えと理解しているとするならばお目出度いと言わざるを得ない。

　私たちは町に賑わいをもたらす力を持つ、そこに住んでいる人たちが、主体的に考えなければならないことだ。国の施策が、県は何を考えているのだろうと何となく人ごとみたいに過ごしてきた無責任さを絶つ事を意識しなければならない。

　例えば、商工会議所の構成員の権限をもっている議員たち同士で会頭・副会頭と言う首脳部、その町の商工業者からリーダーを選ぶ。その基準は名門、昔からの金持ち、声が大きくものを言う人たちから選ぶ。右肩上がりの経済状態の時は、それでも良かったかもしれないけれど、現在の右肩下がりの経済の時は邪魔なばかりでものの役に立たない。

　昔から、この組織はサロン化し、それぞれの業種の強いところ弱いところを洗い出し、そして特定したならばその部分の強化策、自由競争させるためのデスカッション等他都市との競争に耐えうる為の指示、協力など、およそ出来うる限りの応援をしてこなかった。

　どの業種も都市間競争は避けられない。その時に孤立無援では力が出ない。大資本の人たちの様な金と人、培ってきたノウハウもない。ただいろいろの人のアイデア等の応援は小資本であっても思わぬ力が出るし、大資本の人たちがねらっている範囲は、実は重ならないと思う。したがって、この範囲の中での個性と光る部分は重ならない。つまり、この繰り返しが小さくても力が充実しファイトが湧く。

これらのとりまとめとか、仲介とか多くの軸の中心に商工会議所が位置する。商工会議所は行政の役所ではないし、商工業者のサロンでもない。それぞれの地方の各種自営業者の作戦本部である位置にある。この志がないと何のためにあるのかと会員が迷うし、出来るだけ役員から逃れようとする。したがって当然、この責任はその時々の首脳部にある。そしてその責任の重さは会頭、副会頭、常議員、部会長の順にあり、この責任から逃れていては、その任には適さない。

今日、特に国が経済の一元化を主導して、辛うじて経営をしてきた地方の中小業者たちは一気に弱体化してきた。大型店・コンビニを経営する大商社、大資本家たちは、豊かな資本を縦軸に地方各所に拠点を作り、金の吸い上げを画策し、実行したため、一気に地方が疲弊した。

つまり、ローソンは大商社の三菱商事が経営し、ファミリーマートはやはり大商社の伊藤忠が経営しているという。イオン、イトーヨーカドー等、大資本が地方から金を集める。この図式で地方経済が健全に生きていけるか。アメリカの都市の様に、それぞれの都市を守るために条令を強化し、大資本の流入を防いでいる事を日本の為政者たちは知っているのか。或いは地方都市が知っているか、国会議員と地域のつながりは選挙の時だけではないはずだ。

国、県は姑息に、そのカモフラージュとして製造業に融資を誘導し物作りをさせ、そして農業、漁業に補助金をばらまきこれを弱体化させた。

あと一つ大きな罪は、北東北では、国が県及び当事者の市を巻き込んで、県都の農地を整地して巨大な平地を生み出し、そこに大型店、大企業の支店を誘致する場を作ったことだ。青森市、秋田市、そして今盛岡市である。あくまで私見だが、青森と秋田は今、崩壊しようとしている。現実として大企業が逃げた青森市、秋田市が東北六県の中で、ひときわ経済が不振である。

沖縄に次いで有効求人倍率は、下位に低迷している。そして、今盛岡の西南地区には大型店と、大企業、中企業がそこに入り込んで、県内の企業は一社も入れなかった。そして青森、秋田と同じように盛岡の商店街は次々に閉店している。青森、秋田の商工会議所は無言である。これはなにを意味しているかと言えば、その当事者たちは、それで困らない人たちが牛耳っているからであると思う。

九九％の会議所会員は、困窮していることに痛痒も感じていない。一縷の望みは、今何とかしたいともがいている青森市だ。これからますます厳しくなる老人対策まで含めて駅周辺にアパートを建てて住んでもらい、併せて商店街の再生を希求しているようである。これらは、国は各地に再生のプログラムを導入して経済の再生をしているかのごとく見せている。

しかし結果において地方が破綻する道に進んでいることを理解していない。そしてもっと悲しいのは県・市等行政は実態を理解していないことだ。国の方ばかりを見て、国は何とかしてくれるに違いないと、口を開けて待っている。独立自尊の気構えがなく、地方が破綻することに手を貸している。そして馬鹿な経済学者、単純な脳の持ち主たちの言を採用したからであると思う。そしてこれは、それぞれの町の指導者たちの能力が足りないからであるが、未だ彼等はそれぞれの地位にしがみついてほくそ笑んでいる。

他方、繰り返しになるが、これからの日本だが、かつて建設省は一世帯に別荘或いは、それに準ずる家を持つことを勧めた。確か、フランスでは一世帯で二軒の家を持っているという例を持ち出した。そして、日本でもその様な条件が整いつつあると誘いをかけたと記憶している。余裕のある人はそれを実行した。日本人の大多数は集団的思考になびきやすい。そして、その時に各自治体が住宅団地を造り安く売り出し始めた。民間の業者も土地造成をし、売り出したが地方には大手の業者は進出してはこなかった。彼らは大都会の方が、うま味が大きいから地方は後回しであった。当然、地方の業者がその真似をしたけれど高くつく。

したがって自治体で造る団地が安く、住民たちが団地造成の陳情をした。その隣接地に市営アパートをつくりそれを貸し出したので自分の条件にあった方を選んだ。

しかし、実は、やがては一戸建てをと希望を先に延ばす人が沢山居たのだった。自治体もその要望に沿って次々に造成地を郊外に広げた。

一方、当時の総務省は、日本各地の人口予測を発表し、三大都市圏を除いた地方の減少を発表していた。

私の住む宮古市も、前述のとおり二〇〇〇年には五万人を切り四万人に限りなく近づくと予想されていた。当時は町村合併は予測されていなかった。

日本はフランスとは違う。日本では生活の実態は郊外で毎日の暮らしを立てるために町に通う。商人の場合は大半が、自宅の一階を店舗にして商売をしていた。つまり、商店街はそこに買い物に来る人ばかりを待っているのではなく、そこで生活している人々も〝消費者〟だったわけだ。

お互いに商店街の利用者だったことを計算していなかったことが、商店街の崩壊である。商人は自分の店に来てくれるお客は全部よそから通ってくるお客だけだと勘違いをしていたのではないか。つまり、県と自治体、さらに商店街を構成していた商人たちの勘違いが相乗しあって商店街が衰退していった。当時の自治体の職員が「市民からの税金は微々たるもので実態は、交付税が市町村経営の主体だ。したがって市民の税金で成り立つと言うのは間違っている」とうそぶいていた。

それに対して私は「国の交付税も国民の税金からのもの」と当時、市役所職員と喧嘩した事を思い出す。

今、誰もが根源的なところを見落としている。考え直さないと、共同体を大切にする人は居なくなってしまうだろう。そして、高齢者ばかりの集落が存在している現状になってしまった。あと一つ、自分はいつまでも若いままである様な錯覚をしていて、ある日突然自分の周囲に人がいなくなった事を知る。

私の住まいの周辺の団地は、山を切り開いて作られている。したがって、若いときはほとんど車を利用し、時間を自由に使っていた。市民は自分の家を持ち心に余裕を持った。しかし、この考えを全ての職業に当てはめて重大なことに気がつく。店舗を持っている人は、間違いに気がつくのが遅れたと言い換えると正確かもしれない。

商店街がシャター街になったのは、〝商店主も自分の商店街の消費者だった〟ことには気づかなかったからだ。まるでパロディである。住んでいるからこそ、色々な人が訪ねてくるし、コミュニケーションが生まれ販売に繋がる。パリでは別荘を持っていても、店舗の周辺に住み、それも大家族を政府が薦めている事もあって、その様にしている人が多いと聞く。町の中は色々の意味で気持ちを豊かにする。

自然とは有り難いもので、例外なく皆、年を重ねて肉体は衰える。かってキラキラした青年時代から遠ざかり、やがて車を運転する事が困難な肉体に必ずなってくる。その時代になった時にはバスが足代わりになるが、利用する人が少ないからと、バス路線が廃止され、一日に数本という状況になっているかもしれない。

このような条件の中での生活を考えた事があるだろうか。日がな一日部屋の中でごろごろし、粗大ゴミ扱いされる。適度な運動もせず、目標も失ってしまえば、ターミナル付近に住んでいる人より、介護される年齢が早まるらしい、これは統計に表れている。

誰でも例外なく老人になるのだ。その時、ピンピンころりの意味が初めて分かるのである。だから市民も行政もそれを予測して町づくりをしなければならない。元気な人がいる職場は多少駅から遠くても何の支障があろうか。

しかし、補助金のせいにして駅付近にすり寄ってくる行政がある。元気な職員が居る職場が便利なところに引っ越しをして、老人が山を切り開いた人里離れたところに住む。何をか言わんやである。

直近の統計（二〇一〇年）で、次のような数字が目にはいった。

日本の平均寿命は男女ともに世界一になった。男性は平均寿命七九・六歳、女性は八六・三歳、しかし此の次が問題である。

男性の健康寿命は七十・四歳、女性の健康寿命は七三・六歳。そして寝たきり期間は、男性が九・二年。女性が十二・七年、一・二年から四年以上長いのである。偏見を恐れずに言えば生きる事に対して、日本人は希望がないのではと思えるし、交流する条件に地域社会との距離、ターミナル駅から遠い団地に住んでいる。同時に戦後民主的と称して個々人をばらばらにする政策を、公も個人それぞれも、それが民主的なものの考え方だとして喧伝してきた歴史がある。ＧＨＱ及び進歩的と称する人間たちが主体的に主導してきた歴史である。

小生、小学四年生からその様に教えられてきた。そして米より麦が数倍栄養価が高く、これから世界中の人たちは麦が主食になると、政府が主体的に言いバスを改造したキッチンカーがパンの作り方、そのおかず類の作り方を全国津々浦々に宣伝した。その時のバスの数（キッチンカー）が四百台と言われていた事を記憶している。つまり、それはアメリカの余剰農産物を消化したのだと聞いた。その結果、当時国民一人あたり一二〇キロの米を食っていたものが、今一人あたり四〇キロぐらいらしい。その延長線上に政府及び地方自治体は日本の改造に手を染めた訳で、団地造成も底辺にそれらの力が形を変えて表現した結果であろう。

そして今、よその国より寝たきりの期間が長く、欧米なみに寝たきりの時間が縮まると、十年間で五兆円～二兆円程度の医療・介護費用が節減できると辻一郎・東北大教授がまとめている。

◉人口の高齢化と少数化

端的に言えば人口の減って行く町と増えて行く町の差は、時限を限って言えば、公の経営も個人の経営も、将来という視点と理想郷を作るという希望がある時と無いときでは雲泥の差がある。個人的なものは自分だけ責任をとればよいが公は立場が違う。現在と将来を希望あるコミュニティに繋げて行けなければ、仕事をしていても、仕事をしていないと同じに解釈される。それぐらい重要且つやっかいな立場なのだ。

もし自分の生活のみにこだわって公の仕事をしているとするならば、住民にとっては不幸だし、それぞれに追求されるべき立場と認識をすべきであろう。しかし現状は殆ど無気力な職員が市民の事を考えないで仕事を消化していく実情であると感じている。なぜなら定年になるとサッサと都会に住み替えている職員が多いと聞く。それは、仕事とは市民のため市民の将来のための役所ではなく、市民の役にたとうがたつまいが仕事を消化していることを意味している。それも無気力に。

もし、そうでないなら今の状態になる事は、仕事上からいち早く理解していたはずだ。政治家だって、この案件を決めるとどの様な国の様相になるか想像出来る立場にいる。でも何もしてこなかった。

ただし、これはわれわれ庶民の持つ責任と大きな責任の重さの差がある。雲泥の責任の差である。まして無償で働いていたら、私たちはそれほど責任を言うまい。しかし給料をもらっていて国民から選ばれている立場であれば、彼らが決めた事に対する責任は重大である。「責任者、出てこい！」と言っても係わった人が大勢いたら罪の意識はないであろう。

仕事の内容を秤ではかって軽重を決めなければならないから、自分には責任は及ばないだろう。だから無責任な事が出来る。今はこんな図式であろう。

しかし決めた事柄によって、現在どの様になっているかと意識して、その対策を練る立場に居るではないか。

例えば、地方がここまで疲弊した事は、まず時の政府の責任が大である。追い込まない内に早く対策、例えば、県とか市の段階で法律でガードする。国際条約で国と国が決めた事でも、それぞれの困窮する地区は法令で、守る事が出来るように改正しておくべきである。これは政治家がそれほど能力が無くてもガード出来る。

また高齢化がこれほど急速に進むと予想出来なくても、それぞれの地区では対処出来るのではないかと考える。高齢は死が迎えに来るまで元気でいてもらう事が良いとするならば、子供たちと一日の何時間か一緒に過ごす環境、それは地区の学校の子たちとの交流が出来るようにする事ではないか。具体的には小学校、或いは中学校の空き教室を、その地区の老人たちに開放してコミュニケーションを通わす機会をつくる。その集落の歴史とか、風習を教え高齢者は、今の子供たちの考えとか悩みとかを理解する。イギリスではしょっちゅうその集落の老人と子供たちとの交流を奨励しているという。子供たちの親世代との交流はある訳なので和やかに過ごせるという。

親世代を知っている事は大きな有用な要素ではないか。

民主主義の究極の追求ではなく、一人では生きられない本来の人間の姿をよく知り、精神的な安心と細やかな人間関係を築く方向に向かう。もし安心安全を言う事であれば、皆で築く事が本来の日本人の特性が表現しやすいのではないか。

責任を取る事に逃げ腰では、良い人間関係、良い集落作り、良い日本は遠くなっていく。

したがって、それが怖いために政府も、県も、市町村も責任を取らないという絶対条件をタテ糸に街作りをしてきた。言い換えれば、その町の将来像について考えるのではなく、今現在の全国の町づくりはどの様になっているのかを考える。

当市も、その流れのとおりに計画し、それを進めれば問題は起こらない。何故なら市民も議会も、市の責任者も何故そうなのかと追求される事はない。全国一円、他市町村も皆同じだからか？

しかし、かりに問題起きた時の為に、二、三年に一度その係を移動させ、以前の部署での責任を取らなくても良いという常識を作った。

その為に、その時の係は他の部署に移動すれば経緯を知っているけれども、頬被りをするように常識を作った。つまり無責任体制を作って逃れようとしたのだ。

そして、追求されると係になった者は「私は替わってきたばかりだけれども、この部署がやったことだから責任をとります」という文言を使う。これでは追求する方の矛先が鈍ってしまう。

この方式の極めつけは、例えば福祉の係になると専門性を高めるために国の機関に半年から一年近く勉強に派遣される。つまり資格を取らせて仕事に当たらせる。誠に良い制度である。しかし、そのあとが問題で、それはその勉強からかえってじっくりと仕事をさせるが、その部署に三年以上経ると次の部署に移動させてしまう。市の経費で全てをまかなって講習させて全然関係のない部署に異動させる。一般の部署であれ専門性の部署であれ移動させて、人事の停滞を防いでいるのだという。

各自治体は一元的な、それも国への思惑が深層にあって、都市開発をしている。極端に言えば個人或いは資本の小さな人たちのそれでは、街の様相を変えるような大規模な開発は出来ない。公が開発を仕掛けるときとは明らかに違う。これが絶対的な力との違いだ。

故郷に懐かしさ、温かさが無ければ何の意味が有ろうか。全国に二千余の自治体があるけれども、その自治体の職員の数と、そこに住む住民の数だけ故郷が有り、昨日までの住民だった人たちの故郷であり、また、それぞれに違った個性が有り、住み方のスタイルも違う。ところが今や何処に行っても金太郎飴のように個性が薄れ、どこに住んでも変りようがない故郷造りをした結果、それぞれの町の個性が無くなった、と同時に人々の心は閉ざされ、自分の中の小宇宙にこもる住民が数を増している。

理由はいろいろ有ると思うが、町づくりの基点はそこに住んでいる人、或いはその町の出身者が故郷に対してのこだわりを持つようにしないと、故郷は魅力を持たないし懐かしさもなくなる。

その結果、親が死ねば、その子供はその町・故郷への魅力がますます薄くなり、特別の要因が無ければ再度訪れたいと言う気が起こらなくなる。基本的な気持ちは日本中どこに住んでも同じだから、自分或いは連れ合いだけが好きなところに住めばよいと考えるだろう。

私たちは、本当の意味ではその様なところには住みたくない。したがって心の触れあいとよりどころを求めて故郷を再生させせためにもっともっと町づくりにしゃしゃり出ていくことが義務だと心得なければならない。

町起こしを考える時も、官公庁・商店街だけの運動ではなく、そこに住んでいる私たちの問題として、お互いに住民に問い掛け、智慧を結集しなければならない役割を持っている。その後に、出身者及び関係者、知合いと進める。

その時は、住民全体をその事に関心を持たせ、それを持続させる行動が住民の住みたい町を浮かび上がらせる。その行動が、その時の当事者を町にとけこませる方法であると思う。

しかし、今作っている町、或いは町づくりは、その町の歴史と文化には関係なく全国一円の規格品の町づくりである。したがって先のＴＭＯ（Ｔｏｗｎ Ｍａｎａｇｅｍｅｎｔ Ｏｒｇａｎｉｚａｔｉｏｎの略で、まちづくり機関）は、全国どの町も当時の通産省の教科書どおりに計画し、どの町も〝こんなに金をかけ、住む人の心の安住がない町には住みたくない〟と言わしめた。なぜその様になったのか。

故郷の町の魅力は、そこに住んでいる人々と、町のたたずまいと、全体としての温かさと、懐かしさが魅力なのである。そして町とは、人が住んでいる所と、近く或いは遠くの山並みなどが見える長閑な風景が相まって故郷という思いを持つのである。

匂いも人情も子供の時から馴れ親しんだものであり、自分の体臭も原点はそこにあってそれぞれの今があるわけで、甘さもほろ苦さも、良い思い出も悪い思い出も、全部含めて故郷なのだ。

つまり、この環境の中で育てられた子供は感性豊かになり、高齢者になっても子供時代からの仲間がいる環境、これが町づくりの原点で、この社会で育てられ勉学をし、そしてここを足場に外に打って出る。第一線を引いた後は故郷に帰るか、時々心の洗濯に帰る場所にするか色々あるに違いない。有形無形の故郷はそんなたたずまいが、生まれ育てられ人生の最終章の時まで、どっぷりか時々かは別にして、根本としての故郷と言われるものだ。

したがって行政の都合で、全国で町名を変更したところが多いが、そのほとんどが今、旧町名に戻すかどうかを住民に問いただすかしている事を見るに付け、考え込んでしまうのだ。

いずれにしても、皆、別々の想いのこもった町名であるはずだ。それが死ぬまで故郷に対する思いであろう。

私は町づくりのコンセプトを……、

（一）人々が集まる。それも生活者が集まるための仕組み作り。

（二）立体的な、ターミナルを中心としそこから旅行、病院、他地区に移動できる。

（三）行政の窓口、病院施設、文化施設、公のアパート群と考える（但し、毎日利用する所。それ以外の施設は離れていても不自由はない）。

あの町この町

野口雨情：作詞　中山晋平：作曲

あの町この町　日が暮れる　日が暮れる
今きたこの道　かえりゃんせ　かえりゃんせ

お家《うち》がだんだん　遠くなる　遠くなる
今きたこの道　かえりゃんせ　かえりゃんせ
お空に夕べの　星が出る　星が出る
今きたこの道　かえりゃんせ　かえりゃんせ

この歌を口ずさむとき、なぜか私は子供たち、父親、母親、お爺さん、お婆さんが、お互いを慈しみ合いながら、暮らしている情景が浮かぶ。それがそれほどの昔ではないと思っている。私たち高齢者のこの歌に関する想いは、亡き父亡き母が今の故郷から呼んでいる声に聞こえて、たまらなくなる。これからの理想的な社会を思うとき、全然別な次元にわれわれを持って行こうとしている。それは民主主義の究極を目指して、誘導しようとしている指導者だけが政府を動かし、精神的には寄り添う考え方とは真逆な方向に行こうとしている。いやそこに引っ張り込もうとしている。アリストテレスの時代に破綻した事を知らぬふりをしている。それは人間的な事からはほど遠いところだと知らぬげに。

今の時代はＣＯＭの時代だと木村尚三郎・東大名誉教授がこれからの感覚という書簡にあらわしている。

コミュニケーション、コミュニティなど頭にＣＯＭと付く字の語源はラテン語のコミュニスとか。商いはコマースと言い、これもＣＯＭが付いている。商業というほかにセックスという意味もあり、つなぎ、結び会う、お互いに取り柄を交換し合い、助け合って、子供を生み、育て繁栄していく。実はこの感覚はこれからの社会をどう作っていくかと考えたとき、大家族で、子供を見る年寄りがいる、年寄りに年を取らせない方法は、子供、孫の世話をさせる事。少し大きくなった子は年寄りの面倒を見る。その上で見切れない場合に、公が手をさしのべる。こういう循環の中に社会保障が成り立つ。現にこれをフランスが実行していて、出生率が向上した事実をもっと知らなければならない。

仕事を考える場合も、レイバー系統とワーク系統があり前者は労働者の働き方、パンを得るために肉体的苦痛と同時に精神的苦痛も堪え忍んで働く。

東京大学名誉教授の木村尚三郎氏の著書の中に欧米の労働についての解説が載っている。それによると働くと言うことに二つの系統があると言う。レイバーとワークだ。

レイバーは労働者の働きを言う。パンを得るために肉体的苦痛と精神的苦痛を忍んで働く。トラバーユと言うフランス語はもともと刑罰と言う意味で英語のレイバーと同意語だ。

一方、ワークは肉体的苦痛は有るけれど精神的喜びの有る働き方を言う。

ヨーロッパで「名言」と言われているものに古代ギリシャの詩人ヘシオドス（紀元前七〇〇年）が弟を諭した言葉がある。それは「労働は恥ではない、怠惰こそ恥である」という言葉である。

背景に当時、奴隷制度が一般化されていた時代だ。農耕、家事労働他生産に関わるもの全部が奴隷の仕事と言う時代。前述のように、フランス語ではトラバーユという言葉はもともとは刑罰という意味を指していた。したがって欧米の労働者は、仕事が終われば、すぐ会社を出て行く。

もう一つのワーク系統は、肉体的苦痛はあるけれども精神的な喜びがある働き方と言われている。経営者や芸術家、スポーツマン、学者などといった人の働き方で肉体的苦痛があるけれども精神的な喜びのある仕事を言う。

日本人は全てワーク感覚で、これをさらにプレイにまで変えていこうというのが現代で、和魂の考え方の根本ではないだろうか。

しかし、一方では、世界の労働者は苦痛しかないというマルクス主義的な考えが主流で、行き詰まっている。これは乾燥地帯、肉食地帯の考え方を踏襲している。話を転じてみれば、戦争の原因は、キリスト教とイスラム教の戦いである事は否定出来まい。いずれ年中争いばかりしているから、戦いの駆け引き、戦いそのもの、全てに秀でている。そういう乾燥地帯の風習は、どちらかが滅びるまで戦っている歴史だ。モンスーン地帯にはなかった思想である。しかし、そのやり方からは今逃れられない状況ではあるが、国民の生活、習慣はそれらの国のまねはやめた方がよい。なんの役にもたたない。

さて、前段の歌の世界に戻って……。この様な沢山の思い出のある故郷を、全国一円の特色のない町づくりをして、故郷を思い出して時々戻ってきてほしいといっても郷愁のない風景、思い出をたどる風景はない。

町の名前すら無味乾燥な一丁目、二丁目……、何の感傷も浮かばないではないか。心ある市では、昔の町名を元の場所に付け替え始めた。行政として使用する名前は新町名だ。ただ、いったん町並みを現代的に直しているものはそのままで、持ち主との同意で古民家も残している。大切なのは古里としての言葉、言い回し、小中高生時代の友達たちがグループとして残れるようだと第一段階は良いのではと思う。

次に、かっての学区ごとに集まれる場所。老人ホームが小学校か中学校の空き教室に併設されていればベストだろう。人口が減ることを予想していた政府の統計局の数字と、その様な対応になっていない各自治体の政策遂行との乖離を確実に解消する事を確認する事が住民の義務でもある。

今、この無定見に郊外に建てられ続けてきた市営アパート群、県営アパート群の建て替え時期にきているので、これをチャンスにターミナル駅付近の商店街に高層化して、建て替える時だと声高に言いたい。

高齢化率が年々高くなっていて、このグループを色々な場面で閉じこもらせない環境を作るこのチャンスを逃してはいけない。これは商店街の活性化にも効果が大きい。また、建物は百年以上持つ建て方をし、キチッとメンテナンスをすれば百二十年は持つという昔の見識をこの場合認識しなければならない。

もちろん、この通りの商店主の主たる暮らし方は、商店街内でなければならないという条件をも付与する。その常識を商工会議所及び商店街に確認をして再生する事を一連のセットとする。

お袋の懐に抱かれる心地好さが故郷で有ったはずで、もしそれが日本中どこでも均一であれば故郷に対する思い入れが薄らぎ、やがて特別の場所ではなくなるのだ。つまり日本中が、まるで金太郎飴のような古里であれば、どんな気持ちに発展するかを想像してみると分かることだ。そのような中では文化が消え、ぬくもりが育たない所となる。そして大げさに言えば文明が勃興しない。

幕末に日本にやってきた西洋人が驚いたものに、庶民の暮らしの中に草花や花木を愛で、それを育てる風習が有る事だったという。ヨーロッパでは園芸趣味は王侯貴族などに限られていた時代のことである。

この様な日本が、今故郷を訪れる度に、そして自分の思い出の場所が変って行く。

日本中が生産現場に直結し、無味乾燥な所になっては安らぎを得る所がない。自分の成長の軌跡が薄らいで行く所には故郷に対しての気持ちがうすらぎ、次は故郷に行くのがおっくうになり、それ以上に自分の思い出に馴染む所に、行くようになり故郷にはふたたび訪れる事はなくなるだろう。

東北地方太平洋沖地震と津波に襲われたわが町の中心部は、未だ手つかずである。かって宮古駅中心部に近い所には商店街があった。それが一九九二年に大店法が改正され、日本中の商店街がシャッター通りと化した。その改正は日米構造協議での米国側からの大店法撤廃要求で、その様になったと言われているが、東京や大阪は分からないが、外国資本で営業している店はほとんどない。そして日米構造協議での米国側からの大店法撤廃要求で、その様になったと言っても国内の大型店の進出を助け、そして儲からないからと撤退していった歴史しかないではないか。大型店による〝町壊し〟を手伝う役割しかなかった事をなんと説明するのか。その後の中小の町は廃墟となった原因を何故追求しないのか。なんと言っても、全国の町の再生をどの様にするのかが話題にならないのは、壊した政府に対しての追求と、追求されないと対応しない当局は能力のない人間の集まりでしかない。

また、国会議員も官僚も言い出しっぺのアメリカの実情を調べてきて対処したようには見えない。まして、基本的に欧米人は昔から有色人種を働かせ、自分たちはその上前をはねることで、豊かに暮らしてきた。その様な体質を持っている。この様な狡猾な生き方が身についているので、彼らが何か話を進めてくる時は用心しなければならないのに、日本の政治家たちはいつも騙される。大店法を排除させる時に、いつも下心を想像できない政治家は、これからは特に用心しなければならない。あの時は日本の個人資産を狙い、日本の都会から田舎まで入り込んで金をせしめようとの作戦だった。

ところが、白人種の国國では、その前に自分の国にアフリカ人やアラブ人を働き手として入れてきたけれど、比率として同じ割合で有色人種に優秀な人がいるので、国内で混乱が生まれている。それでも、基本としてアフリカ人やアラブ人には鉱物資源を製造させ、南米人には農産物を生育、アジア人には工業製品を製造させ、自らは投資や金融を通して、その上前をはねることに熱中している。また今、中国人が発展途上国を騙して、政治の中枢を乗っ取り、そこに中国人を大量に常駐させ思いを遂げようとしている。清廉潔白は大体、日本人のようだ。ただ国内はその様な騙し騙されの世界から少し遠い所に今のところ居るようだから割り引いて考えても良いのではと思う。

国に対しての働きかけは、全国の市町村に働きかけて、一緒に行動することが早道ではないか、反応がない場合は、それも全国の市町村連名で意見広告を出して迫らなければ無視されるだろう。この方法を何回か続けることで無視できなくなるだろう。

政治家及び官僚を動かすとは、大衆運動であることを、いつも念頭に入れておく必要がある。結果において全国の市町村が元気になることは、国も政治家も元気になる共通項であるからだ。

そして町づくりはそこに住む人たちが計画から実践し、それが成就する様に政治家に働いて貰うのが、これからの地方のやり方である。

あと一つ、一連の考えの中にそれぞれの地区に住んでいる人は、確実に年を重ねていく。年を重ねていく絶対条件の中に、子供が生まれなければ、ただ年齢が加算されて、町も年を取って活性化がなくなって行くわけだ。

そして、集落は滅んでいく、と言う現象は危機感となって出現し、それを常に頭に入れておくべきものの考え方であろう。

オールド ブラック ジョー

緒園涼子：訳詞　フォスター：作曲

（一）若き日　はや夢と過ぎ
わが友　みな世を去りて
あの世に　楽しく眠り
かすかにわれを呼ぶ

オールド　ブラック　ジョー
われも行かん　はや老いたれば
かすかにわれを呼ぶ
オールド　ブラック　ジョー

（二）などてか　涙ぞいずる
などてか　心は痛む
わが友　はるかに去りて
かすかにわれを呼ぶ
オールド　ブラック　ジョー
われも行かん　はや老いたれば
かすかにわれを呼ぶ
オールド　ブラック　ジョー

（久野静夫：訳詞）

（一）楽しき　若き日は過ぎ
わが友　はや去りゆきて
み神の　み手にぞ憩う

やさしくも　呼ぶ声
オールド　ブラック　ジョー
我も行かん　老いたる我を
やさしくも　呼ぶ声
オールド　ブラック　ジョー
我も行かん　老いたる我を
やさしくも　呼ぶ声
オールド　ブラック　ジョー

（二）涙は　ほほに伝いて
わが胸　痛みにたえず
こころは　この世を去りて
やさしくも　呼ぶ声
オールド　ブラック　ジョー
我もゆかん　老いたる我を
やさしくも　呼ぶ声
オールド　ブラック　ジョー
我もゆかん　老いたる我を

やさしくも　呼ぶ声
オールド　ブラック　ジョー

【注】アメリカの作曲家フォスターの代表的歌曲。
自作の詞に一八六〇年作曲、翌年発表された。妻ジェーンの実家に仕えていた黒人の老僕ジョーを歌ったものとされている。若さと喜びの日々は過ぎ去り、友をすべて失ってしまった老人の哀しみを歌っているが、フォスター自身もこの曲を書いたのち経済的巻き返しを図るべくニューヨークに出奔し、四年後に悲惨な死を遂げている。［執筆者：青木　啓］

町が、この歌のような状態になり、希望が見えない人が増えたなら活力は生まれない。どの階層、どの職業に就いていても仕事を通じて地域の発展に向かって心を一つにしなければ、たちまち「限界集落」になる。ただし、職業によって影響力は異なるわけだからそれぞれの意識に対してそれぞれの心の持ち方が大切だ。

今の町づくりは、このそれぞれの大切な思いと、その町の個性を知ってか知らずか薄められ、故郷を捨てさせるような努力をしているように映る。そして一方で家族の結びつきを排除し、それが個性を大切にする方法だという人がいる。果たしてそうだろうか、今の文明の発達史からみて、この考え方は乾燥地帯から生まれたものだ。科学、経済、軍事という力の誇示、全てにこの価値観から出発した。

梅原猛氏、安田喜憲氏の共著『長江文明の探求』を読みながら、乾燥地帯に生まれた一神教。

そしてその考えを何の疑問も持たないで信仰し、他民族と或いは他の宗教と戦って、その中から生まれた科学、すべてその根本はその環境にあった。

それは中国の長江以北の乾燥地帯に生まれた人たちをも含めて物の考え方に勝ち負けがあり、その範疇に根本があるという。それは良い悪い以前の姿勢なのだろう。自然が再生する環境にある地帯に生まれた人々は、それとはひと味もふた味も違う基本がある。そして日本の国の成り立ちを考えるとき、猛々しく勝ったり負けたりすることが物の考えの基本とする国の人たちとは、自ずから基本的な違いがある。

私たちは、ものを考えるとき、それをいつも峻別しなければならない。言い換えれば日本は、欧米にも中近東や中央アジアにない、東南アジアの自然のあり方の源泉を根本において考えなければならない。モンスーンとそれがもたらす豊富な降水は、他地域のような人間に対立する神ではなく、多数の神の存在を認め崇拝する。そして、その捉え方には独特のリズムの捉え方がある。民族音楽に様々なものがあるように、自然のリズムにも、短いもの、長いもの、単調なもの、複雑なもの、様々なものがあり、それを誰かが心地よいと思うかはそれぞれだ。

西洋の音楽は、音階の上に決まり事を作り、そのルールにのっとって作曲し、それを演奏する。この考え方は世界を大分類して権力を持っていた時代の考え方で、すべてそれで間に合っていた。しかし、二百を超える国々があり、その多様化されたこの時代の音楽は、音階では捉える事が出来なくなってきた。これはすべての物事に共通している。民族のバランスとは玉石混交あるいは清濁併せ呑んでいくことで、民族の融和を考えなければならなくなった。

今はその混乱した時代と理解した方がよい。つまりそれが地球上のバランスを大切にし、多様化を認める事から始まる。

【注】現在、日本が承認している国の数は、百九十五ヵ国、それに日本を加えた百九十六ヵ国とされているが、国の数は明確ではなく、二百を超えるともいわれている。

しかし、それでは世界間の経済を考えるとき一貫性を欠くと、各国政府高官、或いは経済学者が抗議するだろうが、どこの国も国内の経済を単純化することは大切だけれど、経済を除いてそれぞれの国の色つきの単純化は国の特色を無くする。そうしないとその時々の力を持った国に支配されてしまう。

大切さとは、それぞれの国内の個性は、その国の安全弁で重要なことである。あと一つ日本人が第二次世界大戦で学んだことがある。あの戦争に巻き込まれた大きな原因は世界経済の流れに入り込んだ結果であると私は考える。

世界の常識、世界経済の常識が、あの戦争に入っていった大きな原因がある。それはあの当時、世界の大国が植民地を支配し、特にアジアがその犠牲になっていた。世界の強国は富を我がものにした時代であった。地球上の八割の国が植民地だった事を忘れてはならない。

そして、その条件の中から台頭してきた日本がアメリカにとって目障りだったからで、ソ連の南下政策が日露戦争で惨敗した、その悔しさと、モンロー主義のアメリカが遅れて参加するタイミングで日本が邪魔であった事。ルーズベルト大統領の側近が共産主義の信奉者で、ソ連から送り込まれた者であった事等が、日本にとってマイナスに働いた。

その為に、手始めに日英同盟を破棄させ日本を追い込んだと、側近が一九五一年のアメリカ上院軍事外交合同委員会で答弁している。

「日本は絹産業以外には固有の産業はほとんど何もないのです。彼らには綿がない、羊毛がない、石油の産出はない、錫がない、ゴムがない。その他多くの原料が欠如している。そしてそれら一切のものがアジアの海域には存在していたのだ。もしこれらの原料の供給を断ち切られたら、一千万から一千二百万の失業者が発生するであろう事を彼らは恐れていた。したがって彼らが戦争に飛び込んでいった動機は、大部分が安全保障上の必要に迫られてのことだった」と証言したのである。

これはドイツとは対照的な事ではと、藤原正彦氏が「文春」の二〇一〇年七月号に掲載している。

このように仕向けたのは、ルーズベルト大統領がアメリカ国民の八割以上の参戦反対を逆転させたい思惑とハリー・ホワイト財務次官（コミンテルンのスパイ）の合作に他ならない。これは戦後、解読されたヴェノナ文書によると明白なコミンテルン（共産主義政党による国際組織）のスパイであった。

ルーズベルト大統領は自身が社会主義者に近く、ソ連に親近感を持っていたという事実。権謀術数尽くして日本を追い込んだ結果だったことが、今は大概の人は知っていると思う。

つまり、国中が世界の趨勢についていく価値観は、国を滅ぼす。したがって、各地方は特に世界に進出する企業は世界標準の価値観で進めばよいのだし、地方の価値観は別に地方政治の中で決めることが国全体の為になる。

その意味で、国外を相手にする企業と国内で経済活動をする企業は各国とも二重構造のルールにした方が国が繁盛するばかりではなく、世界ルールではじき出された国民は生活困窮者に成らずに、自己を満足させて国は経済運営がやりやすくなる。

今、国内で世界戦略を考える企業では、社内で使用する言葉は英語にすると決めたようだ。それはそれで良いのだと思う。

しかし、経済界から声が上がり「小学生から英語教育をせよ」と国に迫り、文科省が導入するというこの狂気は何なんだ。馬鹿らしい。

今の経済の考え方は、勝つか負けるかの価値観感から出たもので、共存共栄は、瞬間、瞬間から出ているものだ。今日の敵は明日の味方が基本ではないか。本音としてはいつも油断が出来ない。

明治政府の神仏分離令は、仏教排斥を意図したものではなかったが、これをきっかけに全国各地で廃仏毀釈運動がおこり、各地の寺院や仏具の破壊が行なわれた。地方の神官や国学者が扇動し、檀家制度のもとで、寺院に搾取されていたと感じる民衆がこれに加わった。つまりは、物部氏の亡霊が居たのかも知れない。

政府は神道国教化の下準備として、神仏分離政策を行なったが、明治五年三月十四日の神祇省廃止・教部省設置で頓挫し、神仏共同布教体制となった。

廃仏毀釈運動は明治以降、第二次世界大戦の敗戦まで、一部の過激な神道家とこれに追随した一部民衆が行ったものの、一部地域を除き、民衆には普及しなかった。

現代でも、神社と寺院の違いが判らない者も多いことは、このためであろう。中には神仏習合の風習を受け継いだり復興させたりするところもあるが、神道、仏教のそれぞれの内部では、お互いに忌避するむきもある。

或いは日本語を廃止してローマ字にしろと運動するグループが大きな力を持った時もあったり、お雇い外国人たちが、キリスト教を普及させる魂胆から動いた時もあり、そのお先棒を担いだ人間もいたり、日本人は単純な、直情径行が横行する下地があるのだろうか。この行動とアフガンにおけるイスラム教の仏像破壊の行動とどれだけの距離があるだろうか。

歴史は、どこかの国のように簡単に変えるわけにはいかない。そしてこの現象を変革と捉えるならば……。この現象は学者によっては明治維新、昭和二十年代に次ぐ大変革として捉えている。大政奉還は単なる政権交代だったが……。

【注】廃仏毀釈は聖徳太子が仏教を国の中心に据えて以来のことで、文化もそれまでのものは全部封建的なものとして否定した。だから大変革?

【注】明治維新の神仏分離や廃仏毀釈の意味は、単に神を仏から分離し、仏を廃するという意味ではなくて、記紀神話や延喜式神名帳に記された神々に歴代天皇や南北朝期の功臣を加え、要するに神話的にあるいは歴史的に皇統と国家の功臣を神とし、底辺に産土神を配し、それ以外の神仏は廃滅の対象とするというのがその意味であったと言われている。

第二次大戦後はそれまでの権威、権力、財産、その関連の人物等を否定した。またそれまでの米中心の食生活まで否定。だから大変革？。

そして今、下手をすれば国が無くなる方向に進んでいる現状。政治家、官僚、経済界、学会或いは日本人も無くなるような症状。だからこれも大変革？

そして今、我が国では小学校から英語を教えなければと狂気に取り付かれたかの如く熱くなっている。これも大変革か。幼稚園、小学校、中学校、高校と色々の教科は、それぞれの年齢に沿った段階の学ばせ方があるはず。

何よりも国民全体が英語を理解しなければと、国が全体主義的に勧めることは狂気の沙汰としか言いようがない。殆どの住民は一生英語を使わなくても良い生活をしているし、国外に打って出る住民は、せいぜい全体の十パーセント内外だろう。それよりも、今経済での国の方策は残りの大半の住民を棄民化した方策でリードしていることがおかしい。結果、この大半が生活保護受給者になったら、国が成り立つのか。

今、私たちは経済での地球一元化の流れの中で、それぞれの国の存在をどの様に表現するかが問われている。乾燥地帯から生まれたその国の成り立ちと、その文化を継承する事は、その国の特徴で、他の国に通用させること自体が異常だ。ましてモンスーン地帯のそれは余りにも違う。一つの国であっても自然の成り立ちで大きな違いがある。例えば中国を見ると六〇〇〇キロにおよぶ長江がある。この川を境に北はおおよそ乾燥地帯で麦、トウモロコシの作付けが主体であり、羊、山羊の肉を食する。南の方は山が多く雨も多い。したがって米作が主体で、川と海が近いので漁労も盛んだ。

自然の再生が盛んなところである。北は自然とお互いに戦って色々の物を確保する。南は小競り合いはあっても、それ以上に自然の或いは神の驚異が大きい。日本と同じようにあらゆる神がいる。人々も共存し神々も共存する。

つい先頃、石川県白山市の市長が市内の神社の行事に参加した行為の最高裁の判決があった。最高裁の判決は「祝辞は宗教的色彩を帯びない儀礼的行為の範囲にとどまる」として合憲判断を示した。市側の勝訴が確定した。

【注】政教分離の原則を定めた憲法に違反するとして，住民が支出された公費の返還を求めた訴訟で、最高裁第一小法廷が、違憲とした二審判決を破棄し，住民の請求を棄却した。

日本の憲法は、戦勝国アメリカのGHQから示された憲法草案を元に成立した。アメリカはキリスト教国である。まさに乾燥地帯から生まれた一神教の国の考えであることは議論を待たない事実だ。

しかし、よく考えてみよう。近代に入ってから今日までの戦争は、日本を除いて乾燥地帯から成立した国、一神教の国同士の戦いだ。つまり麦作肉食地帯同士の戦いではないか。そして基本的には戦い慣れている国が勝利している。特に産業革命以降、戦争もその国に発達した科学技術も学術も今の世界を席巻しているではないか。

第三章　町づくりとは

◉効率化の名のもとに捨てられる

われわれの心の何処かに、町づくりを考えるときにスクラップ・アンド・ビルドを、まだ信奉している心があるのだろうか。

美しいものも懐かしいものも、沢山の宝もののような思い出も、そして苦く思い出したくない想いも、皆自分の宝ものだったものが廃棄物のように捨てられゆく、それも関係のない他人に捨てられていく。

それが今、町づくりのためにと言う彼らの大義名分のために捨てられていく。これが今の町づくりの基本的な現実だ。

仕事のために、学びのために街を離れざるを得なかった者たちが、唯一の歴史の詰まった、郷里の繫がりを失ったところに老後を過ごす想いにもなれまい。これが全国一円の町づくりの姿だ。

ここに住んでいる者も生活する為に必要な物を売っているだけの場所に住むだろうか。

つまり、コミニュティが壊れたところに住んでいられるわけはない。極めつけは、この町づくりを主導してきた市の職員は定年になったら、よその住みやすい所を探して転居していく。住民としては、あっけにとられている昨今である。

自分の家を建てる時、いろいろな希望を夢に設計者に注文を付ける、或いはこの地区の性向を取り入れた希望を取り込まなければ自分らしさが出てこないだろう。そのためには事前に希望を取り入れるアクションを起こしその結果を取り込む、そうしないと正に全国一円の特徴のない住まいが出現する結果になる。

われわれが使う言葉がＮＨＫ的になった事と何ら変わらない。新しい町名を古い町名に変えようとする運動が、全国各地に出ている事が何を意味しているのかを想像する姿勢が欲しい。

終戦直後の廃墟の中から、立ち上がる時、その当時はこの考え方が一番だった。

しかし今、それは経済的には当てはまるのかもしれないが、特に地方の生活・文化にとっては当てはまらない。まして今の地方都市の六十五歳以上は人口の三〇％を上回っている。

したがって、町づくりは如何にしてこの高齢者を介護対象人口にしない方策を講じなければならないかは言うを待たない。それにはターミナルの近くに住宅を造る。次に免税特例まで考慮に入れた大家族の奨励である。

したがってターミナルに役所を持ってくる考えは愚策で窓口さえあれば済む問題だろう。その様にすることによって、幼児の世話に老人を当て、子供たちが高齢者を見守る役割が双方にとって最高に良い結果を生むだろう。

生活・文化を育むとは、心を育て、人と人を和ませるゾーンでしか発展しない。

コンクリート建築の寿命が、日本は短か過ぎると批判されている事と町づくりが刹那的に考えられている背景が関係があるのかどうかは解らないので、断定できないが、私には関係があるように見える。それは目先を整えることに終始している終戦直後のあの非常時を今も引きずり、物が豊富にあり、ゆったりした物作りも百年も或いはそれ以上も耐えられる色々な事を考えなければならないとき、なぜかそれを考えない仕組みにしている。

われわれ七十歳以上の者は、木造建築の建物は火事に遭わなければ、三百年以上を経た家に住んでいたという遺伝子が今もある。

終戦直後の裸山の状態の時だから、柱が三寸（九・〇九センチ）柱だった事は理解出来るが、今この辺の山には六十年以上の杉の木が売れないためにそのままになり、木として一番良い状態のものに手を付けさせないで、相変わらず三寸柱を使用して四十年持てば良いとしている。

それに終戦直後の物がないときの団地サイズを標準として奨励している。私たちは五寸（一五・一五センチ）以上の柱で広々とした部屋が懐かしい。大きな部屋は人間の気持ちを大きくする。

今の部屋のサイズは、この逆になっている。或いはその様にさせて無関心層を増やした方がコントロールし易いのかと勘ぐりたくなる。

そして、一番の問題はわれわれは、この蟻地獄に入っている事を、或いは解っているかもしれないが、抜け出す気力と努力を放棄している。自分を助けるのは自分及び自分たちだけなのにである。

私たちはそれらを払拭して、今大切にしなければならないものとそうでないものとを区別し、これからの難儀な時代に合った老齢化対策、親の子供に対してのしつけ不足、将来の食料不足、先々の化石燃料の不足、土地利用、環境問題、心の安定等を基礎とした町を住民全体で創って行かなければならない。そして、この今の状態が何故出現しているのかを考え、そこから直していくのが基本であろう。

（しかし反省として）その最大の責任者が自治体であるけれども……。

その自治体を支持しているのはそこに住んでる住民たちだ。したがって今大切な事は住民主体であり続けるための行政体でなければならない。もしそうでないならば、自治体は必要無いものだ。

今われわれは、日本全国が生産工場化に邁進している現状を把握し、反省し、これからの住環境、町の整備、高齢化対策、これから出てくる食料不足、人間関係の欠如は重大問題として取り上げ、心の安定化を計るための施策等を見直す時ではないだろうか。

国の発展と地方の発展は不可分である事を改めて意識しなければ、おかしな国になってしまう。

また例えば、現在の自然環境は、瞬間風速的に、外国の木材等が安いと言う理由で、日本の山を放棄している。さぞかし木々は、年々大きくなって立派になっているだろうと思っている人は多いかも知れない。しかし、公道から見えている所はそのとおりだが、奥山になると状況は全然違う。

特に国有林は、見えている所も見えない所も想像できないぐらい荒れている。国有林野事業は二兆円もの赤字で、経営は破綻し、林野庁職員の報酬の為に益々山は荒れていく。この事を全国民は知っているのだろうか。

現状は、とても国の経営とは考えられない状態である。これにはわれわれにも大きな責任がある。

国の林野経営の破綻は、三十年前から予見されていたにも拘らず、族議員がどうのとか言って手を付けなかったし、手を付けさせなかった。その結果もっと大変なことが見えて来た。それは山の崩壊が露顕して来たからだ。

以前、私は友達の川釣り愛好者から「今に大変なことが起こるぞ」という言葉を聞いていた。それは沢に入ると淵が消えている現象が起きているのだという。それが、十年ぐらい前の話である。そのときは何故そうなるのかは解らなかったが、今は理由が解ってきた。営林署が木材を入札して業者に売り業者は、山にブルドーザーを入れて木材を運搬するようになった。この時に使用した道路に雨が降ると山崩れの原因になり、沢を埋め川床を押し上げ大きな災害をもたらす原因を作っている。

狭い山肌に張り付く様に家を建て、その中で生活している者には危険だ。つまり、このやり方だとちょっとした降雨でも、山が崩れてしまう危険性がある。まして山の木を買った業者は、入札で落とした山林からいかに効率よい木材を切り出そうとするから、ぎりぎりの土際から切り離す。この結果、山が荒れてしまう。

この切り出し方は、土が流れ出しやすい結果をもたらす。土の流れ出やすい方法を避け、木材の再生を遅らせる山林の経営としては、悪い方法なのだ。

もし運良く土が流れなくても、次に売り出す状態に再生するのに六十年かかるだろう。二〇センチから三〇センチ上を切り出すと、同じ状態になるのに十五年から二十年で再生できる。

また、山林経営の観点から眺めれば、少し前までは針葉樹ばかりを植林していた。針葉樹が高く売れるからだが、この樹種は根が浅く広いのが特徴。したがって、山崩れを誘発する原因を作ると言われて居たが、それだけではなかったのである。

実は問題なのは、この事を知っている営林署及び関係者の態度だ。経済至上主義を全面に立て、全員が頬被りである。その結果が土砂降りの雨が降ると、山津波が里を埋めてしまう。その前にダムを埋め、その効用を無にしてしまうのである。

これにはマスコミも大きな責任があるが、ここでは触れない事にする。

しかし、その様な事態が起きないよう改革する事に反対しているのは、どの議員で賛成は誰かを、地元住民や国民に知らせなかったことは大いに反省をしなければ、日本は良くならない。

◉メディアの罪

それぞれの時点で、良い人は誰で、悪い人は誰かをセンセーションに取上げて行くだけの報道に終始して、その結果、最も重要な現在の状態を知らせ続けなかった罪は重い。そしてそれは今でも変わらない。

言い替えれば、それぞれの住民たちは、その時どの様に意見を述べたか、そして五年後その結果はどうなったか。十年後のその意見はどう世の中を左右したかをわれわれは知りたいのだ。そこにマスコミの意味があったはずだ。日常の事で、マスコミの善悪の判断はわれわれには必要が無い。われわれは判断できる教育を受けている。われわれ住民の頭を空にしているのは誰かを考えてもらいたいものだ。

それに引き替え、民間のボランティアや漁民が、昔の山を取り戻すために熱心に活動している。非常によい傾向も芽生えていると思う。

そして、物事を長いスパンで考える癖をつける、これからの救いはこれであるし、この行動は自分たちのコミュニティ作りと、同時にそこに住んでいる住民の夢を実現させることでもある。

そして、その時は、われわれ日本人が偶然に地球上のこの緯度に住んでいるから、この程度になっているわけで、決して優れているわけではないと認識しておく必要がある。

同時に条件が違う高緯度地帯の砂漠化は、人間の欲望がこれを作り、今に至っているという事を、環境考古学が明らかにしている。この現実をもっと真摯に学んで行き、学習しなければ未来の地球人に対して申し訳が立たない。

古代（紀元前二二五〇年ごろ）のシリア北西部のアスサリエ山やアマノス山（現在はトルコ領）でのエブラ王国とアッカド王国のナラム・シンとの戦争の原因も森林資源の争奪に有ったと、安田喜憲氏（国際日本文化研究センター教授）が解説している。

また、アカシヤなどを除いて森林資源のないエジプトのトトメス三世が、シリアに遠征したことも森林資源獲得が主な理由と考えられる。船も家や神殿も棺桶も木材からだし、ミイラの制作にはモミの木の樹脂がなければ出来ない。したがって木材の供給権をシリアのレバノン山脈から獲得したのだ。

それぞれは自分と自国民を幸福にするためなのだが……。その時代からわれわれは、どれだけ進歩したのだろうか。人類は未だに地球を駄目な方向に追いやっている。そしてその事に関して認識していない。

そして、都市文明は森の破壊と引き替えに誕生していることを、もっともっと皆が知るべきである。そしてそれは今でも原則的には変わっていない。われわれは同時にこの現実をどの様に受け、どの様に反応するか、私たちはこの義務も合わせて持っているはずだ。

今一部の人間を除いてヨーロッパも、中東も、アフリカの大部分も中国もアメリカも地球上のすべての人間は、自分たちが今の現象を作り、地球を困難な状態にしてきたのに罪の意識はないことを嘆かざるを得ない。そして熱帯雨林が人為的に拍車をかけて禿げ山化に向かっている。早く価値観の分散を、特にお金に集中するこの価値観を変えるように指導者は手を打たなければ、予想よりも破滅に向かう速度を阻止できない。

◉われわれは過去から何を学べばよいのか

世界の国々の政治家は、自分の国の運営に関して、自国の企業の手先になって覇権を競い、昔の戦力で世界を支配下に置こうとした。そして今度は、経済で覇権を望む態度に終始している。その為ならターゲットになった国の文化も蹂躙し、ある国は「我が国の何番目の州だ」などと言ってはばからない。

目標になった国の政治家は、平気でこれを助長し、自国の行く末を案じない。つまり住民の意志とは別な動きをしている。そして巨大な資本がより巨大になって自分たちの支配欲と言う欲望を満たすため国を利用している現実を知りつつ、住民が許しているのも、もしかしたら間接的に恩恵にあずかれるのではと思っているからであろうか。

人間の欲望は限りがない。一元的な価値だけが、価値が有るような煽りかたは直ちに止めるように私たちは求める。低俗過ぎるのである。

ものを生産する企業なら、限度を超えるとコスト割れ「収穫低減」になれば、自然にコントロール出来るのでまだいいが、公の部分が自分の金でないからか無責任な行動をとる。そして自分たちの組織を拡大する。これが一番やっかいな怪物である。これに対しての方策は厳罰で当たり、さかのぼって追求するスタンスしかないだろう。

ライバルを蹴落としながら、自分だけよかれとガードする。それは私たち日本人は良いものを作っていれば、あるいは良いものを売っていれば結果として、絶対に正しいと言う物の考え方だが、彼らは確かに良いものを作る事に情熱を傾けるが同じ位、いやもっとライバルに入りこまれないようにあらゆる手段でガードする。

その為に、あらゆる努力をする。富士フィルムとコダックの攻防を見ていると、極端に作戦の立て方が違う。

富士フィルムは、従来の日本的な販売を外国でも作戦の基本としているのに、コダックはアメリカ政府まで動員して排除しようとした。この執念は悪を誘う。私たちの物の考え方からすれば、よくもそこまで民間企業に肩入れするものだ、と思うのだが。

アメリカと言う国は、総てにこのスタンスを取ってきた。今の時代をどの様に読み、これからの時代につなげて行くかをもっと真剣に考え、自己愛だけに繋がる事を三分にして、七分を人類全体に行き渡るように、指導者は指導者なりに、政府は政府なりに、個人は個人なりに調和を考えて行動して行く事が、地球全体の為になる。コンセンサスをそこに誘導する事も初期には必要だろうし、納得させながら進めなければならない。

最終の到達点は、個々人が周囲と協調し合いながら、生れた時から墓場まで尊厳を失わない様な社会を構成すること。人々が、コミュニティを誘導していく資質を持つことが、これからの指導者像でなければならない。周囲の住民は、常にその様な人物を応援することが、この雰囲気を醸成する。

しかし、大なり小なり一神教の国々は、皆同じと思わねばなるまい。これらの国の意識の根底には、特にアメリカは表向きは、経済で覇権を確立する基本戦略が透けて見える。

かって植民地を武力で掌握するという状態が、形を変えただけであると認識しなければならない。そしてもっと巧妙なことは、日本を属国化して五十一番目の州にするという思惑が見え隠れする。

昭和二十年の新憲法作成時の草案をみれば一目瞭然である。そして「太平洋戦争史」と言う宣伝文書を制作し、これを連日、新聞に掲載させた。そして極めつけは各学校の教科書を使い、教員の左傾化と連動させて浸透させた。つまり洗脳したのであった。

軍部の横暴が過激になる前から、欧米の日本追い込み作戦を見てきた当時の知識階級はそれを知っていた。しかし、その後の軍部に対しての横暴に対しての反発は声が大きくはならなかった。

事実を伝えるにしても、一面だけを取り上げてこれは事実だと言ってもおかしな話だ。歴史を見るとき、それも史実の中にいた人たちは、必要悪と捉えていたのではないかと思う。

明治新政府の指導者たちは、必死に江戸時代を否定したことをみても、日本人はコントロールしやすい国民なのか。でもこの時、外国人たちの見聞録を見ると客観的だ。

この状態から日本を眺めるとと、一時期西洋の真似をして植民地を作りたかった。その行動は植民地を持っている国から非難され続け、戦後五十年以上経てもかっての植民地から「あやまれ」と言われ続けて居る。この状態と、かたや何の痛痒も感じない国と比較して、この差を国のリーダーは何と考えて国をリードして居るのだろうか。

いずれにしても、正々堂々としていない態度に問題が有りそうである。姑息な態度で、政治も経済もリードしてもらっては国民が困る。つまり「カンダタ」的に終始して、社会の一員である事を否定し続けていくならばこれに未来はない。


【注】カンダタとは芥川龍之介作品の（蜘蛛の糸）の作中人物。

今、ほとんどの国は、自国の産業を後押して、世界を席捲しようとする。言い換えれば経済の覇権である。

また、低・中進国は戦力で覇権を狙うが、先進国は経済の覇権を狙う。

そして、これが露骨である。そして、それぞれの国、特に経済的に優位になっている人たちは、よりそれを拡大しようとする。先進国の金持ちたちはマネーゲームでより裕福になり、それは五年間で五％もふくれたと統計に出ているし、統計に表れていないけれど、中国では富を第三国に移して万が一に備えているという流れだ。

かって経済とは「経世済民」を言い、その国の住民のためになすべき事をなすことだった。ところが今どうだろう。経済界の言いなりになり国民の中の殆どが間接的な事柄なのに、一枚岩のごとく単一の考えの中に囲い込んだ。

どこの国も二重構造の経営をなしている。その時の思考で肝心なのは、絶対多数の住民が、国際経済とは別にこのように動き、これに関係のない住民が生活出来なかったとしたら国が成り立たない。

ヨーロッパとそれを取り巻く国は破綻に近づいているのはこれが原因の一つだし、二重構造が当たり前の考え方なのだ。悲しい現象である。

短絡的な視点だけれども、それぞれの国、それも力を持っている国々は、肉体的な労働より精神的、経済の有利な部分に国の経営をシフトし、肉体的なものは力の弱い国にやらせようとしている。二百を越す国々に巨大国の都合によって、この様な配分させられたら、国の独立に危険な要因を作ってしまう。

そして、それが地球上に不安定要素をまき散らす。したがって他国がその独立国に対して一定の枠以上は入り込めない様な仕組みを作ることだ。それがそれぞれの国の絶対的な安定要素になるだろう。

現在の一本化の形に、あと一つ考えなければならないことがある。それは文化である。いつの場合も国の文化の何もかも思うようにコントロールしようとする。先進国同志のトラブルは、大半がそうである。

一九二九年の世界大恐慌の発端はアメリカ。

急死したハーディング大統領の跡を継いだ副大統領クーリッチの時代「クーリッチ景気」と言われ、月賦販売の増加と株式市場での思惑を買い、好況を謳歌する自動車産業。対象的に石炭・紡績・農業の不振、特に証券市場は過熱していた状況は、今のアメリカとどの様に違うだろうか。株価の暴落から世界恐慌を繰返すなとアメリカ政府部内と、学者たちがアメリカの行過ぎにブレーキをかけ始めている記事が出ていたが、まず始めにアメリカありきを反省して貰いたいものだ。

これを書いている最中に、ヘッジファンドが破綻した事が新聞に載っていた。アメリカの金融制度モデルの基本は、経営基盤の弱い金融機関を市場原理に従い、つぶすことが世界中に発したアメリカの強い主張でありＩＭＦもそのライン上に有った。

しかし今回（一九九八年）東アジアの金融が破綻し、従来の主張どおり、強くこれを進めロシアに無視された今回のヘッジファンド対策はアメリカ版護送船団方式である。我が国に対して口を極めて罵った護送船団方式である。究めつけはこのヘッジファンドへの資金貸し手の中に、イタリアの中央銀行が外貨準備資金運用先にヘッジファンドを選んでいた事は異例であるが、世界の常識はこの程度なのかと慨嘆するのみである。

そして、またリーマン・ショックにはじまり、ギリシャ危機、ユーロ危機へつながり、まだまだ続きそうな経済危機は、アメリカに発している。そしてこれは新自由主義につながり欧米発のものである。そして、また二〇一〇年、またアメリカは貨幣の増刷とドル安を演出してアメリカの巨大企業の横暴を助長している。

ノーベル賞の経済学賞の授賞者は、一九九七年はショールズ、マートン両教授共デリバティブの価格形成理論推進者だった。リーマン・ショックの理論的発信者だった。

後日わかった事は確定犯である。

彼等は巨大ヘッジファンドのＬＴＣＭの経営幹部となり、一九九八年に破綻して、ウォール街と投資家に空前の損害を与えた。投資家から集めた二十二億ドルを担保に銀行から一二〇億ドルを借り入れ、それで証券を購入し、それを担保にデリバティブなどの投機金融の契約に深入りして、一兆二千五百億ドルにまで膨らませて最後に破綻。理論を実践して大手金融機関に損害を与えた。彼らは自分の考え方を実践した。ノーベル賞の選考委員会は、それが人類にとって良いか悪いかではなく、新しい考え方だと取ったのだろう（皮肉）。

つまり倫理は、選考委員会にとって関係のないことなのだろう。それとも実践はその人間の資質に任せるものと言いたいのか。

一九九八年のノーベル経済学賞は、アマーティア・セン教授で「私は幼いころからずっと、なぜ私が生れたインドの経済は遅れ、貧困が渦巻いているのかという疑問が頭から離れなかった」と語り、そのことが経済学にのめり込んだ原点だと言う。

そして彼は「倫理学的探求はまだ途中だ」とも言う。ノーベル賞の選考委員の基本的なものの考え方はなにか知りたいものだ。また、生理学・医学賞にも専門家が首をかしげている。

生体内で重要な働きをする一酸化窒素が血管の内皮細胞から血管を弛緩させる未知の物質を発見したロバート・ファーチゴット、ニューヨーク州立大学名誉教授の成果、この物質はＮＯＷで仕組の解明を含めて突止めた業績があり、それに比してルイ・イグナロ、カルフォルニア大学教授は状況証拠による推定だったことは、バイオ・医学分野では知らない人が居ないと一九九八年十月十八日の日経に掲載されている。

これも視点の違いなのであろうか。

よくあの国は、キリスト教が基盤にあるためにおかしな事をしないとか言う人があるが、われわれはつい五十年ぐらい前まで宣教師が生まれた国のために仕事を通じて得た情報、特に自国のために有利になる情報に特定したものを本国に送っていたことは日常活動の一つとされていて、罪悪感も感じなかったという。

目的の国に入り込み情報を自国に送り植民地作りに協力して来た歴史をわれわれは忘れてはいけない。

一神教の国は、もともと同じ神を信仰していない人間は人間扱いをしていない歴史は枚挙にいとまがないほどある。つまりは人間の欲望は色々な理由を付けて行動していた。特に集団になるとそれは顕著である。罪悪感が薄らいだ為だろう。言い換えれば一人ひとりは善人で気が弱いし前述の様な事はないのだが……。

特に、この頃の傾向は国に対しての忠誠心が薄らいでいるから、この現象があり、これが個人レベルに降りてきて国も、居住している地方も、自分も売り渡すことに罪の意識はなくなっている。

この理由は金に対しての欲望、金が権力を持って住民の心まで支配しているからである。この現象に誘発されて住民は、己の快楽を何よりも優先させた。それを良しとし、悲しみと責任から目をそらす。これは人間の性なのだろうか、それとも欲望なのだろうか。

ただそれから脱却するべく心のあり方を先人は説いた。が、しかし、今は自分の欲望を平気で表に出すことを、国としても個人としても潔しとしている傾向がある。

恐竜が支配していた時代に戻っている様相である。特に独裁的支配で国を治めている所はもっと多い。人間として下等に属していてそれを恥としていない。人間の矜持もないグループが増えているように思う。

それでもこのような人間、或いは国とも付き合っていかなければならない時代だ。

このために、事実を各々がもっと深刻に取り上げ、この価値観から抜け出して人間的な心を持った本来の姿に戻り、これからの自分及び周囲を如何にすればよいかを真剣に考えるときであろう。

つまり正々堂々と、その中で自己のスタイルを確立するときである。そして公にもそれを要求する。特に今の日本の官僚は国民を指導するなどと思い上がっている。彼らは自分の寄って立つ位置と役割を理解出来ていないと言わざるを得ないから、大いに意見を言うようにしていく。

私たちは、これを本来の人間らしい生活環境・われわれの体質に合った文化に戻し〝**生活と生産の峻別化**〟を計り、古来の文化を現代流にアレンジして守る。

そして、その上に新しい文化を創造して行く。その第一歩が自分たちの手で町づくりをしながら、皆の意識を自分たちのコミュニティに戻し、今のままが良いかそれとも何が今と未来に向かって良い事かを考える場を想像し確立する。

力と力の戦いの古代社会の中で、住民の関心が精神面に移行して居た釈伽の時代（紀元前五世紀ごろ）と比較してみると、人間は見た目には変っていないが、精神的な面は話にならないほど今の方が劣って居るし、自分自身を見つめる事が出来ない心の弱さを内在する。

したがって特に政治家を志すものは『貞観政要』や『名臣言行録』などを読んで、人として道に迷わない心掛けを自分に課してこそ、人の上に立てるというものだ。

欲望を達成する人生に、現代は余りにも偏りすぎている。自分をコントロール出来ないものが人の上に立つ不幸を周囲も教えていかなければならない。特に金が権力を持つ現代の攻めぎ合いの中で、関心が精神面に移行して来ている混沌の現在、対極に有ると思われる紀元前に対比してみると、大変に興味が有る現象である。

現代人は優しさの本質を知らないで優しさを求めている現状を、一方の自分はどう見ているだろうか。優しさとは人の憂いが理解できることで、特定の人或いは自分に優しいとは言葉として使えない筈だが……。

先頃（一九九七年九月五日）亡くなったマザー・テレサが「今日の最も重い病気は、誰からも愛されていない、誰からも見捨てられていると感じる事なのだ」と良く口にしていたと言う。

そのマザー・テレサに日本にもぜひ訪れてほしいと関係者が希望したら、「日本は世界で私を必要としない国の一つだ。何故ならば裕福な国だから」と固持したと言う。

それでも何回かの要請の結果、来日して言った言葉は「日本は裕福な国だが人々が病んでいて私を必要としている国の一つだ」と言ったそうである。

今の社会現象を見ると、餓鬼の世界そのものである。このことを重大な事柄とし、まず何事に於いても精神的なバックボーンを確立し、その上に色々の問題を重ね合わせて解決をする方法を、今われわれは真剣に考えそれぞれ答えを、それぞれに持たなければならない。

町づくりを考える場合もその範疇で考え、その上でどうしてわれわれが現在に至ったのか、このままでどうなるかと繋げて考えて行く事であろう。そして、これらこの全国一円のやり方で良いのかどうかを考え、結論づけ手後れにならないように手を打たなければならない。基本的には外国の作戦は自国に有利になるためにいろいろ手を打ち、要請してくる。

われわれ日本人は、米欧から学ばなければならないのは、それぞれ因ってきた文化の継承とその楽しみ方の筈なのに、なぜか上辺の現象だけを真似て自分たちの育ってきた文化を破壊しようとしている事に考えを及ぼさない傾向がある。

模倣には長けるが、その構造や精神を理解する意識はない。文化とは精神活動や経験してきた生活からの表現なのにである。

サミュエル・ハンティントン博士が『文明の衝突』の中で、世界の文化圏を分けているが、日本は何処の国にも属しない文化圏と位置付けている。過去に中国・韓国の影響を最大限に受けているが、今分類して見ると一緒に出来ない程の違いが有ると看破している。これは独自性が有ると善意に解釈が出来るが、裏を返すと一番弾かれやすい立場でもある。続けて博士は強いてどこかの文化圏に入れるとすれば、アメリカ圏で有るとも述べている。

一つの事を掘り下げて行く方法がデカルト（一五九六～一六五〇年）の活躍した頃から強くなり、特に物理・科学の分野では目覚ましい発達を見た。

フランシス・ベーコン（一五六一～一六二六年）の自然支配の思想と、デカルトの機械論的自然観は、現代を形作り発展させた原動力となった。しかし、それで人類は、一人ひとりが幸福になっただろうか。一神教共栄圏の最終到達点がここに有るように思える。

たまたま日本は島国で、丁度良い緯度の上に国が有ったし、自然が復元できる気候のお陰で一神教だけを信じる人が少ない。そのために、まだこの程度なのだし、江戸時代のように人口が約三千万人～四千万人位の時は、人々は落ち着いて良い時代だった（宝暦・天明・天保の飢饉及び疫病の蔓延で人口が増えなかった）が、今は人口は多いし相互理解に心を砕く良い風習がなくなった。

つまり文明の発達が有っても文化がそれに追い付いていないと世の中はいびつになる（今まで

は乾燥地帯は皆そうだ）。このバランスの悪さが地方都市を直撃し「ふるさとを捨てている」現象が今日の姿なのである。

高坂正堯氏の著書の『世界地図の中で考える』のなかに「滅亡のある条件」の項にこういう事がのっている。そのまま引用すると……。

「私はタスマニア土人が何故絶滅したかについての、人類学的な研究を紹介された。その著者、ポーランド人ルードヴィヒ・クジヴィツキーはタスマニア土人の絶滅の理由を、次のように描いている。

タスマニア土人は白人に勇敢に抵抗した。そして住民の数が数千から数百人になったとき、彼らは降伏した。降伏した人々には羊が与えられ、保護地に入れられた。彼らはそれによって狩猟生活の不安定の代りに豊富さを得、明日の生活を保証されたのである。しかし、彼らは滅びつづけた。そして彼らが絶滅した事がいかに不可避であったかを理解するためには、生存条件の変化が彼らの内面的生活を破壊したことを考慮にいれなくてはならない。何世紀もの間、タスマニア土人は彼らの島に住み、ときには飢饉にさらされるなど、種々の不安にさらされた（そんなとき、恐らく彼らは子供を食べて生き残ったのであろう）。しかし概して彼らの生活は幸福なものであったのである。ひとつの森から他の森への移動は彼らにさまざまな印象を与え、多くのスリルを与えた。彼らの協同の狩、集会、割礼式などが彼らの単調さを破り、想像をかき立て、感情を豊にし、生活に魅力を与えた。しかし、白人の植民者たちが来て、長年の闘争の後、タスマニア土人は近くのフリンダーズ島に移された。彼らは外見的な物質的福祉によって取り囲まれていたが、しかし、以前彼らが持っていた印象と感情の力の豊さは奪われてしまった。タスマニア土人は狭い地域に押込められ、彼らの祖先たちの生活を長年にわたって作ってきたすべてのものと切り離された。

　次第に望郷の念が強まった。ときどき彼らはよい天気のときにはタスマニア島をはるかに見ることができる高い丘に登り、絶望的に彼らの土着の島を見た。そんなとき、老婆が熱心に彼方を指さして、ベン・ロモンドの雪をいただいた峰を見ることができるかと男に聞いて、そして涙を流して言ったものだった。

『あれが私の国』――生活は彼らにとってその魅力を失ったのである。私はこの文章に強い印象を受けた。」

　……と続く。

　これはアメリカ合衆国が、アメリカ・インディアンに対しての政策と、どの様に違うのだろうか。一八三〇年代の大統領のジャクソンが議会で「インディアンは白人と共存し得ない。野蛮人で劣等民族のインディアンはすべて滅ぼされるべきである」と演説した。インディアンの生活の糧であるバッファローを絶滅に追い込んだ。ついでメキシコの属国であった「テキサス共和国」を併合した。

　つまり、カリフォルニア、ニューメキシコ、ネバダ、アリゾナ、ユタ、コロラド等を強奪した。そして日本のアイヌ政策は、オーストラリヤのアボリジニ政策は、フィリピン原住民のピンタドは……。

現代の文明の残酷なのは、一面的な方向からだけ物を見てそれが正義としているからこの様になってしまう。一神教圏（先進国）の人たちの一番の欠点だ。そしてそこに住む人の文化を無視し、無意識に暴挙を繰り返す。そしてこの行為は今や日本人も同じになってしまった。

自分に直接関係のないことには、結構良い批評をするけれども、皆で渡れば怖くない的な行為になってくる。孤高を守るという意識に欠けて迎合してしまう。

たとえば、江戸時代が、すべて封建的で価値もないと薩長連合の新政府が言い、当時は何も言えない状況だったかもしれないが、今でも一部では主張しているが全体としては口を閉ざしてしまう。これは今でもこの傾向がある。

◉消費者だけが国民ではない

なんの場合でも、全体の中で特にこのコミュニティの同意が醸成される場を作り、どの世代もそして将来も和やかな道は何かと折り合いを付けるやり方があるはずである。全国一円では、この様に町づくりをしているから、政府が進めて補助が付くからとかで今の各都市が存在している。

全国どの都市に行っても町の中心部が破壊されゴーストタウン化が進む。これは異常事態ではないか。

健康、平和、文化、心地よい環境、人と人の触れ合いと温もり、いたわりこれらが総合して心の安らぎがある。今の日本は経済だけが優先され、この一面だけが強調されている。どの国においても特有の国柄が有る。これが一番大切な存在理由ではないか。地球全体を一様にすることは、一番下等な考え方だ。

大中小の企業で世界に互して、戦いを挑む事は大切なこと。しかし、それに関係ない人々を巻き込むことは国が滅んでしまうやり方だ。このために関係のない人々を同じシステムに巻き込むことは、やかて国が面倒を見なければならなくなる。

三％の公務員、二％の世界企業でそれに該当しない国民はと誰が考えても惨めな状況、生きながらの地獄絵ではないか。

つまり亡国の道に向かっているのだ。この状況のために住民が抵抗していく状況になりつつある。第二次大戦の敗北から日本はアメリカに、日本的なものを根絶することに切り替えさせた。何年か前のワシントンポスト紙に掲載されていたアメリカ国旗の星に中に赤い丸がはめ込まれていたことを覚えている人は何人いるだろうか。

アメリカの戦後政策のくびきにいつまで連綿としているかが問われている最後のチャンスかもしれない。

道徳基準の喪失、つまり礼節、忍耐、誠実、勇気、恥の意識、卑怯を憎む心をもっと大切にしていかなければならない。

かって日英修好通商条約（一八五八年）エルギン伯爵の団長秘書オリフェイントはこう述べた。「個人が共同体のために犠牲になる日本で、各人がまったく幸福で満足して居るように見えることは、驚くべき事実である。共通していることは、人々は貧しい。しかし幸せそうだ」。

だからこそアメリカ人のモース（一九二七年来日）は「貧乏人は存在するが、貧困なるものは存在しない」また、明治六年（一八七三年）に来日し、日本に長く生活したイギリス人バジル・チェンバレンはこう記す。
「この国のあらゆる社会階級は、社会的には比較的平等である。金持ちは高ぶらず、貧乏人は卑下しない。本物の平等精神、われわれは皆同じ人間だと心底から信じる心が、社会の隅々まで浸透しているのである」と。

それは今も続いている。

予想できなかったと言いながら……

われわれは何時の場合でも加害者と被害者になり得る、意識しないで……

われわれは意識して、それを正常に出来るように努力しなければならない。われわれがこれから作っていく文化を大事にするためには、先達たちの文化を大切にする事から始めなければ、今までの悪しき風習は払拭されない。

総体的に見れば、それ以前、精神の分野に偏ってきたものがここでは物質文明に比重をかけ、天秤でたとえれば片方が上がり過ぎの現象が現在である。これに気づきこれを修正するときがきた。世の中が落ちつき、自分の周囲に気を配るとき、そのなかで一番先に手をつけなければならない事は高齢者の元気を保つ方法の実施である。

その一つには定年後に働く意欲がある人には、今までの蓄積してきた経験を発揮して貰う事である。同じ職場であれば働きに見合った賃金を払いながら、後輩の指導を兼ねた働き方もあるだろうし、営業職であるならば売り上げに準じた働き方もあるだろう。或いは定年の前からハローワークに登録をして仕事を見つける方法もあるだろう。

また、高齢者に長く働いてもらう事は、後輩に本当の意味で働く喜びとはこうなんだと教える時であり、同時に自分自身が介護を受けなければならない条件から遠ざかる意味も含まれるのではないか。

特に昭和四十年代、五十年代の頃に作られた団地が建て替えの時期で、あの頃の団地は交通機関から遠い場所が多かった。ところが今特に地方は人口減で交通に便利なところに住みたいとし、アパートの持ち主たちはターミナルの付近であればと競争が激しいし、それは人間の活動が活発になる事は知られている。

特に今は、ほとんどの町で高齢化が進んでいるし、弾力性がなくなっている。一刻も早く、心のバランスが取れるような世の中に修正をかけなければ大変な事になる。

考え方が多面的に行くように誘導するシステムを構築し、バランス良く行く方法を考えるのがわれわれの命題なのである。

今こそ日本のそれぞれの町は、そこに住む人を中心として、それぞれの特徴を、そして魅力を持った町にして行くチャンスを逃してはならない。

かってドイツの詩人カール・ブッセが「山のあなたの空遠く」の詩の中で理想郷、桃源郷、地上の楽園が山の彼方に有ると詠んだあの思い、それはそれとして現実は自分の住む町は自分たちで作るのが一番としていく事がカール・ブッセの心情に近づけるのではないか。

住人の町に対しての思い込みは外国、特に欧米の人たちは、日本と大きな違いを持っているようだ。

◉皆の町に対しての思い込み

もちろん外国にも、こんな例がある。

サンフランシスコからサクラメントに向かう途中にあるデービス市に「ビレッジホームズ」という総戸数約二百五十弱の小さなプロジェクトがある。故ミッテラン大統領も見学に来たほどの評判のプロジェクトで、世界中から見学者が訪れると言う。

人間としての暮らしと豊かな自然との共生を目的に、理想的な町づくりに関する実験である。ただ一つを除いて……。（これが大切なのだが…）

それは自分の敷地外、**自分と関係のない事であれば全く感心を示さない。**

そしてコミュニティに無援・無関心を保ち、何の活動にも参加しない。一方で自分に関係する事項には声高に利害を主張する「ニンビー（施設の必要性は認めるが、自らの居住地域には建てないでくれとと主張する住民）」たち。

豊かな環境の中で、住民は孤立しており、コミュニティ自体の崩壊にもつながる恐れが進行している。まだまだ人間の心の深淵が解明されない状態の中で作られた人工都市。だから多数の人間の智慧を前面に立てて町づくりをやって行くのが今は最良ではないか。

町に愛着を持ち古さを大事にして、同時に新しさをどう取り入れるか、現況から大いに学んで行かなければならない。

木村尚三郎氏は（東京大学名誉教授・一九三〇年〜二〇〇六年）、現代のキーワードとして、特にこれからの時代はジョロウガイの時代だと言っている。女郎を買うわけではない。女性と老人と外国人。縮めると「女老外」。

女性に取って大事なのは美しさ。お年寄りにとって大事なのは安心。外国人にとって大事なのはわかりやすさ。商品開発に限らず、売り方、**都市作り**、ありとあらゆるものの基本であるとしている。そしてそうした視点で世の中を見ると、花屋さんが増えている。暗い名曲喫茶がなくなってきた。明るいイメージのトマト銀行と言ったネーミングが抵抗なくわれわれの生活に入り込んでくる、と私たちに教えてくれる。

今の時代をどう捉えるかと言う事は、いつの時代も大事な事。同時にこれは守って行く町が有ってこそ言える事で、これの気持ちが全で有る事が基本条件であろう。

ヨーロッパの人々は町は、そこに住んでいる人の財産として位置づけて、誇りを持って自慢をする。したがって機能ばかりの建物、金にあかした開発には猛反発をする。

ヨーロッパより新しい町、バンクーバー市では、ダウンタウンとビジネス街を囲んで住宅街がある。この仕組みは政治・経済に関係の無い委員会が有って、そこで町全体の未来を考え、ＯＫの許可を出さないそうだ。

もちろんビジネス街の中に、商店が少しは点在しているが、繁華街に日本の様に銀行とか証券会社、大会社が金にあかして乗込んで町を壊している所はない。住民が自分たちの町にこだわりを持ち、愛着を持っている為であろう。また都市を大きくしたいと言う意識はない。すぐ隣には北バンクーバー市（人口約七万人）が出来ている。

◉トイザラスの敗訴

一九九七年四月七日の日経にニューヨーク州控訴裁判所は昨年十二月、玩具のディスカントストア「トイザラス」がマンハッタンの住宅地区に進出する計画を認めない決定を下した。

これは近隣コミュニティから「大型店舗の開店は良好な住環境の破壊につながる」と言う反対運動が起きており、これに対してトイザラスはニューヨーク市に提訴、ニューヨーク市都市計画委員会が同社の訴えを認めず、法廷で争われていた。

出店反対運動の先頭にたっていた弁護士のノーマン・マルカス氏は「大型店舗の出店から平穏な暮らしを守る画期的な判決になった。ほかの地域の反大型店運動を勇気付ける」と語った。

また、ディスカウンターの雄「ウォルマート」の全米展開が中西部や南部の人口数万人規模の中小都市に及んで、地元商店街を含む地域社会全体と衝突する事例が急増している。

地方都市には、「地域社会の外からやってくる『外資』はコミュニティの将来に責任を感じておらず、自社の経営上の都合だけで開店・撤退していく心配がある」と危惧している。

このように地域に無責任なコマーシャリズムに、町を真剣に考え、作ってきた住民が反対運動に立ち上がっている。

それに引き換え日本人は、日本の住民は、町づくりに対してどの様な表現をして来たのだろうか。

ここに再び髙坂正堯氏の『文明が衰亡するとき』の著書の中に〝戦後アメリカの都市の盛衰〟という興味ある文章がある。それを引用すると、

「都市はその国の秩序観と、その政治、経済、文化のシステムを表現している。それは人々の行動様式の表現である。ブラッセルやブルージェやリューベックといった中世末期の通商都市を訪れそのマーケット広場に立つならば、ハンザ同盟の時代に、通商に生きた都市のあり方があざやかに目に映る。またシティとホワイトホール周辺という二つの極を持つロンドンは、二元的なこの国のあり方を象徴するように思われるし、広くはない通りに、あたかも民家のように立っているダウイング通りに十番の首相官邸は、『小さな政府』と実務性を強調したものだ。アメリカのニューヨークでは、雑踏する街から高くそびえる高層ビルが成功の神話を象徴するかのようである。日本はといえば、その都市はまず、首都の強い影響力を示している。いくつもの『小京都』があるし、ほとんど至る所に『銀座通り』がある。したがって日本の都市論では、いかにして東京一点集中主義から脱却するかという事がよく論じられる。元々日本の都市は人間的でいささか矮小なこの国の特性をあらわしているように感じる。いいかえれば庶民の生活の臭いが濃厚にみなぎっている。その魅力的な場所は、庶民の生活の行為の結果として偶然に生まれる事が多い」。

第四章　郊外化がもたらした罪

第二次大戦後から、今日までアメリカ人のすみかは、著しく変化した。まずおびただしい量の住宅が新しく建てられた。一九五〇年から一九七二年までに四千八百万戸にも及ぶ。

アイゼンハワー政権は市街地再開発計画を立て、実行して、かなりの成果を上げた。

そして、それにより人々の生活及びものの考え方も孤立していった。特に孤立化したのは主婦たちであった。具体的な事象に目を向けるならば失敗は明白である。

政治学者アンドルー・ハッカーが、一九六八年に書いた『アメリカ時代の終わり』は悲観的観測の強すぎる書物かもしれない。しかし、一歩家から外に出ればアメリカ社会は危険になったという指摘は、多くのアメリカ人の気持ちであろう。そしてアメリカの旧都市の多くはスラム化した。多くの家族が公害へと移住し、それに代わって黒人とスペイン系国民が流入したことが、その重要な原因であることは言うまでもない。

日本の不幸は、この方式をそのまま持ち込んだことが、今を出現させ、加えて高齢化が他の国より早く来たことが、今の地方都市を陥没させた。

そして、この事は老人福祉の費用が拡大する要員を作ったと思う。つまり人間関係を遮断したことになり、一日中テレビに縛り付けて、各世代とは没交渉になってゆく。これが今、老人を限りなく介護が必要な方向に向けさせて行く大きな原因になっているように思える。個々人をバラバラにして個人を尊重していく民主化はない。これでは同時に町は崩壊していく。

◉色々な面から考えなければならないのに

日本では官公庁も、政治家も、経済界も、住民も町に対しての理想は、ぜんぜん無い。田畑、丘、山を整地して団地を作る事が町づくりと心得ている首長が何と多い事か。

結論を言うならば、全国の市町村は町づくりに対して、現在から未来に対しての展望が無いとしか表現できない。

そして最も悲しむべきことは、自分の侵している罪を省みないことだ。特に人口が減少している地域は、早急に考え方を変えなければならない。化石燃料依存の限界とその枯渇（注一）、食料の不足（世界的に見て）（注二）、高齢社会に対しての住宅から見た問題、健康の問題、心のケアの問題、環境保全の問題、全住民に対してのコミュニティ作りの指導、特に平地の少ない所と広い背後地を持っているところと、持ってないところの町づくりの在り方、みな考えなくてはならない。（注三）

【注一】日本は原油の九九・七％を輸入しているし天然ガス・石炭なども大半輸入している。世界中が同じ傾向で危険であるし環境問題も考えなければ駄目なときであろう。

【注二】食料問題として日本を見た場合は、現在のカロリーベースの自給率は三九％だ。米国は百一三％を超え、フランス（一四三％）、スウェーデン（八六％）、英国（七三％）やドイツ（九四％）である。この様に食料を海外に全面的に依存していると一度、事が起った時生殺与奪の権利を握られる。

【注三】 原子力発電場は縮小になっていくとして、代替え発電として、これから何が主力になっていくかは議論が百出するだろう。

◉何故こうなったのか

基本的に日本人は、為政者に対しての無警戒が意識の底流に流れているからだと思う。この罪は全住民に有るけれども有識者、全権力者、官公庁、全法人関係者ｅｔｃ。一人以上を雇用している人、家族を持っている人、地域住民等、ことごとく全員に罪はある。その権力に相応して罪の深さが異なるとし、真剣にその罪を償う方法を考えなければならないのではないか。

小滝敏之氏の『アメリカの地方自治』によれば、地方の自己決定、地方の自己統治、および地方自給自足の原理を反映しているという、アメリカの地域社会においては、住民以外の外部勢力が地域の問題を決定する事を断固拒否する態度がある。その観点からアメリカでは、「地域社会資源の地元と管理」が主張されるという。これは「地域の自主権」の発現であり「地域の自立」の発露が実践される事だという。つまり、コミュニティが外部の巨大パワーによってコントロールされ「我が町」が無くなる事に対する憤怒の法的表現である。

「地域社会資源」を自己統治できなくなることに対する嫌悪と恐怖心の表れという。「小さな町」の中心商店街は、「わが町」のアイデンティティを担う大切な「地域社会資源」である。

町づくりは、国から権限を分け与えられる分権ではなく、地域の本源的な固有の権利である。

ところが県も市町村も国に対して無定見に対応する。それはこれらに勤めている職員の底流には国から交付税を貰っているという意識が住民からの税金より多いから、表立っての言葉ではないけれど国の意思が住民の意思より重要視されていると言う現れである。

したがって前段の事になると重要さに差が出てくる。そして住民は黙ってついてきた歴史だ。この様な態度では地方分権を守る態度からは遠い位置にいて、これは地方の文化、地方の特色、人間の大切さに水を差す態度である。現世の一番大切なことは、細やかな各地の特色をいかに保つかが、地球人の基本的人権を考える場合の基本であることに、異論はないはずであろう。

私見だけれど、わが国の国民には、国がわれわれを追い詰めるわけが無いとする基本的な心根がある。ところが官僚も議員も見識が低下して、自分の事をまず優先する、公人として堕落した事が今を表現しているためではないかと、小生は断じたくないけれど現象面から見ると言わざるを得ない状況だ。

その様な状況でも私たちは、ここで生きるしかないという心持ちで考え続ける。けれども国及び県に抵抗を続ける事は絶対に放棄はしないで、自分の意思を表現し続けていかなければ、素晴らしいと思える〝住む場所〟が無くなっていく。各人がその意識を持ち続けていこうと言いたい。

町のあり方は、市町村の数だけ違うけれど、我が町の特徴がこれだと言う事を、そこに住んでいる人たちが決めることだ。そして皆で決めたら外の勢力に対してガードする義務と権利が有る。つまり徹底して守ることだ。

うだろう。

◉深刻な食糧不足

しかし、あまりと憂くない時期に宇宙での発電と電磁波で送電する日が近いように思うが、ど

レスター・R・ブラウン、ワールドウオッチ研究所所長が、一九九五年三月に発表した「ワールド・ウォッチ」の英語版に二〇三〇年に中国では二億七百万トンの穀物不足が生ずると発表し、中国科学院と論争をまき起こした。この量は一九九四年の全世界を合せた穀物輸出量にほぼ匹敵すると指摘した。その後は次のごとくである。

一九九七年十二月二十八日の日経に「二〇〇五年以降に食料不足が拡大する」と中国共産党中央政策研究室の朱択研究員の見解を中国市場経済報が報じている。それによると……「二〇一〇年の食料不足は四千万トンで、消費量の六％に当たる。うちトウモロコシが二千万トン、コメが一千五百万トン」と指摘している。

また、生産量、輸入依存度、備蓄量などを総合した食料安全度では現状でも米国、カナダ、オーストラリアなどより劣っているとし、「将来は食料自給率が低下する結果、さらに食料安全度が低下する」と警告した。

世界的に見て、一九九九年には労働人口の五〇％が農民、将来第三次産業への移動で二〇二〇年には二〇％に減る。したがって現在で食料の生産量は四億九千万トンで不足分を大豆生産量で、世界の生産量に匹敵する不足である。さらに二〇三〇年には人口十六億人、食料輸入が六億四千万トンの食糧供給が必要と推測している。なぜ執拗に中国の数字を挙げるかと言えば、世界の人

口に占める割合が巨大で世界に一番影響力があるからである。また、昨今の中国のやり方を見ていると、すさまじい勢いで、人のものは俺のものという論理で傍若無人に他国を侵し始めている。中華思想とは世界の中心は俺で、俺に従えと表現し始めている。地球上至る所でその様な行動をし始めている。

二百年くらい前であると、ヨーロッパは新世界に移住させたし、スペインは中南米に移住させ、今ではアメリカにはアイルランド系の人がアイルランドより多く居るし、中南米にはスペイン系の人がスペインより多く居る。つまり受入れる新天地が未だ有ったのだが、今はその様な国は何処にもない。だから中国は一人っ子政策を取らざるを得なかった。それでも調和するまでは時間がかかる。しかし数が膨大だからそのことに世界中が一喜一憂するし、たとえ計算どおり行ったとしても目先の大変さに変わりはない。

さて、今こんなニュースが地球を駆け回っている。

二〇一二年八月の発表を見ると、二〇〇七年及び〇八年の食糧危機時には、国連食糧農業機関（FAO）は、世界の飢餓人口は七千五百万人増えると警告していた。また、別の機関からは最大一億六千万人が新たに飢えるとの推計も出されていた。

国際穀物理事会の穀物・油糧種子指数は今週（二〇一二年）、二〇〇八年七月以来の水準に上昇。国際穀物理事会の統計によると、現在の穀物在庫は二〇〇八年に比べ、二五％多い水準だが、小麦とトウモロコシの在庫は中国が大量に抱えており、国際市場に流通する可能性が非常に低い点は留意する必要があるとニュースは伝えている。この時にシカゴの穀物先物取引が好機到来と動く事が予想される。過去数年、穀物消費量は右肩上がりで伸びてきた。国際穀物理事会は今月に入り、二〇一二年及び一三年（七月―六月）の穀物消費量は、発展途上国での肉の消費増加に伴う飼料需要の拡大も手伝い、前年比一・八％増加するとの予想を発表している。

アジア最大の冷凍鶏肉輸出国であるタイの当局者は、飼料となるトウモロコシと大豆の価格上昇が、食品インフレをあおると危機感を示す。タイ商工会議所の事務次長は「二〇一二年第四四半期に食品価格は五―一〇％上昇するとみている」と語った。

◉改めて「食べ物」について考える

まず人間の食べ物についてだが、昔は食料品店では各家庭の食事の材料を販売していたし、その商いをするものの範囲が専門的だった。そしてもっと昔は自給自足が原則だった。

今は手をかけずに工場生産化されたもの、均一化された味を美味しいと思わされている。昔の事だがマンガで、未来社会の家庭には水道の蛇口みたいな物が有って、それを経由して食料工場から食べ物がそれぞれの家庭に送られてくるという場面を見たことがある。それを見たときは笑っていたが、今はその様になる前現象の様相に見える。

生活の中に効率を求め、企業経済の考え方を家庭に持込んでいる。家庭の中にも経済が有ってしかるべきだが、家庭の中の経済は相当に曖昧さが有って良いし、それは世間に公表して賛同を得るものではないものだ。

J・K・ガルブレイスはこんな事を言っている。

「消費者は自立的な選択を行うのではない。消費者は広告と見栄の力によって影響されている。それによって生産はそれ自身の需要を作り出しているのだ」と。

一般論としては、そのとおりなのだが家庭にはもっと極端にこれが表れる。だから家庭経済は曖昧模糊として居て健全なのである。

それは家庭は精神衛生上、健全である生活を主体に出来なければ価値を見出せない。また、家庭の経済は収入に見合った生活をする中で、精神的にも現実的にも幸福感を見出せれるかに収支の視点を持つものである。

企業経済は人に、物に、金に、将来に投資して経済を向上させ利益を得る事に重点を置いている。

今、われわれはそれをごちゃまぜにしている現状ではないか。これが家庭崩壊の原因の一つになっている様に思う。

よく「お袋の味」と言われるが、画一的なものではなく、それこそ各家庭において、千差万別の味だった。五十代以上の世代にしか実感がないかもしれないが……。

しかし、今は化学調味料での味付けが主流になっていて、本当の意味での「お袋の味」は消滅したのではないか。この現象は、例えば共通語に統一し、同じアクセントで話すように訓練されて居る中で、方言を見直す運動が有るが、今となっては〝方言もどき〟は出来ても、昔のままの方言には戻れまい。それと同じ事ではないか。

確かに進化という言葉にわれわれは惑わされている。進化していると言う言葉には、良い方向に向かっているというような錯覚を抱かせる。

辞典には、進化とは「次第に良くなる事」と出ているし、進化とは、さも良くなる事と解釈させるように載っているが、米ＳＦ映画「猿の惑星」の場面の中に、猿が支配する世界で人間が檻に入れられている情景を見たが、あれも生物的な進化である。

食べ物は、栽培している場所で味わう時が一番旨い。それはその場所に合った調理法を考えて居るからである。旅行で出掛けた所で食べたものが旨くても、買って帰ると味が違うという経験をした人は多いと思う。土産土法とはこの事であろう。それがグルメの最大の味わい方ではないか。

ところが旨いとする基準が化学調味料で統一された時代の若い人たちには解らないだろう。また今の日本のカロリー自給率（四一％）では、味まで外国に一任するように飼い慣らされてしまう危険が迫っている（農水省が発表した二〇一七年度の食糧自給率は三九％、供給食糧の二五％を捨てている〝残飯大国〟だと……）。

皮相に言えば、遺伝子操作作物で発芽抑制剤（私は以前スーパーで買ったアメリカ産の馬鈴薯をたねイモとして畑に植えたら二年間発芽も腐りもしないでそのままゴロゴロしてた）まみれの食料を外国政府の恫喝と我が国の無責任為政者たちの深い思いで一憂一喜しながら、きたるべき食料難時代に突入することを楽しみにして「猿の惑星」的な世の中に突き進む。**悪夢に浸る。**

いずれにしても、われわれが今まで何とかして呉れるだろうと期待して来た罪は一番重い。これを変えるには、それぞれが自分の手のとどく範囲を変えて行く事を優先順位の第一義としていく事が基本だ。それが自らを救う道である。

〝飢餓を救おう〟というキャンペーンが、色々な所で展開されているが、自分の喰いぶちを減らしても、その様な運動をするのであれば何も言わない。

しかし、言葉をもてあそんでいるような現状を思うと腹が立つのだ。

「あなた本当に飢餓を救い、その人と一緒に飢餓で死ねますか」と言いたいものである。現状を手助けして行くシステムの構築に対して、手助けする事が大事であると言いたいのだ。自分を守る事は自分でやるしか方法はない。

日本人には過保護的な考え方がはびこり、世界に悪を蔓延させていると言われている事を知るべきであろう。

◉日本の常識は世界の非常識なのに気が付かない

アメリカの大企業はライバルに付入る隙を与えないように手を打つ。そして確率微分方程式で計算された方式で自分以外の自国を含めた各国を嵌めていく。これがデリバティブ（金融派生商品）である。

彼らは、自分の生産する品物で、その業界を全部握る事を目標にしている。共存共栄なんて考えても居ない事は、例を挙げる事に枚挙に困らないくらいだ。

それもある時は政府と一緒に成って、ある時は自分だけの為に、或いは一族ユダヤ人のために。この基本は経済の覇権を求める姿勢からだ。よその国には、とやかく文句を付け、力でねじふせる事を常識としている国である。

したがって、良い品物を作れば、絶対その先はバラ色だと言う物の考え方はアメリカには通用しない。これは日本国内だけの常識で、普通の物を政治力を最大に使って、その他社の物を蹴落とす事など、日常茶飯事の企業の活動と、国民は納得している。それを堂々と成し遂げる。これは毎日の新聞・テレビを見ているだけで明白に判る。

以下に、千葉県歴史教育協議会世界史部会（地暦社）から発行された出版物『世界史のなかの物』の中から、「パン」について興味深い記事があるので、紹介してみよう。千葉県の学校で使用する副教材である。

パン──「コメ国民」から「米国民」へ

日本人は、第二次世界大戦前は一年間に一人あたり一三五kgの米を食べていた。戦争中から戦後の食糧難時代には、いったん一〇〇kg以下に落ちたが、一九五〇年代後半には一一七kgまで回復した。その後、コメの消費量はどんどん落ちて、一九七九年には八五kgになる。日本人のコメ離れが進んでいく。

☆キッチンカーは今日も行く

ぴかぴかの大型バスの胴体には、「栄養改善車・財団法人日本食生活協会」と書かれている。ガスレンジ、調理台、流し台、冷蔵庫、食器棚からレコード・プレイヤー、放送設備までそなえたキッチンカーが、全国の農村、山村、離れ島を駆け回っていた。一九五六年から六一年にかけてである。「動く台所が活躍」「走る料理教室がやってきた」と地元の新聞が取り上げた。野良着のままで村の人が集まってくる。後方ドアが三方に開き、小さな空き地や公民館の中庭で料理指導が始まる。

「一日の食事に必ず六つの栄養素を」「一日一食は粉食に」とコムギを含む料理を作って食べさせる。コムギの栄養価値と料理法を書いたパンフレットを配り「粉食」を呼びかけるポスターをはる。キッチンカーは厚生省の所管だった。一二台のキッチンカーが六年間に全国二万の会場を回り二〇〇万人の参加者があった。パンはなじみがうすかった。大手のパン屋といえばせいぜい木村屋、敷島パン、神戸屋くらいだった。キッチンカーが全国を駆けめぐって居るとき、農林省所管の全国食生活改善協会は、全国からパン職人数十名を東京に集めて三ヶ月間みっちり技術指導をやった。ここを卒業したパン職人たちに、故郷に帰ったら、人を集めてパン教室をひらくことを義務づけた。一年間に全国で二〇〇会場、一万人のパン製造技術者が出来た。この方式が何回もくりかえされて、パン製造業者は全国に広がっていった。「日に一度、パンを欠かさぬ母の愛」と書いたトラックが走り、空から宣伝ビラがまかれた。

☆コッペと脱脂粉乳の学校給食

第二次大戦後、部分的な学校給食が始まったのは一九四六年一二月である。五〇年二月に大都市で完全給食が開始された。「学校給食法」が国会を通過したのは五四年五月だ。それには「小麦粉食形態を基本とした学校給食の普及拡大をはかること」と書かれていた。時の文部大臣大達茂雄は提案理由でこう述べた。

「今国民の食生活は、粉食混合の形態に移行することが必要であると思うのでありますが、米食偏重の傾向を是正しまた粉食実施に伴う栄養摂取方法を適正にすることは、なかなか困難なことでありますので、学校給食によって幼少の時代において教育的に配慮された合理的な食事に慣れさせることが国民の食生活の改善上、最も肝要であると存じます」と幼少時から粉食に慣れさそうというのだ。

この法律は奨励法で、給食実施校は未だ都市部に限られていた。文部省所管の全国学校給食連合会は、学校給食の農村普及事業に取り組む。父母や教師を集めた後援会や給食献立試食会がさかんに開かれ、『学校給食のすすめ』が大量に配られた。コッペパンが学童机の上に並び、文部省学校給食の担当官や大学教授が「パンの効用」を説いた。

マスコミも米食批判に協力した。

「日本人は、胃拡張の腹一杯になるまでコメばかり食うので、脚気や高血圧などで短命の者が多い。」と「天声人語」は言い（『朝日新聞』一九五六年九月三日）、大脳生理学の権威、林教授などは「コメを食べるとバカになる」と講演して製粉・製パン業界の講演会に引っぱりだこだった。

また、その頃にＮＨＫのラジオドクターに石垣純二という人がいたが、太平洋戦争で日本がアメリカに負けたのは食い物が悪かったからだ。とにかく肉・卵・牛乳などの動物性蛋白を沢山食え、とラジオはもとより、新聞、雑誌等で盛んに主張していた。

日露戦争当時、森鷗外・陸軍医務局長時に二万人の軍人が脚気で病死した事実、同じ時期に海軍兵士の脚気患者が、ほぼ皆無であったにも拘らず海軍の食事を取り入れずに通達や要望などを握りつぶしたことが近年ようやく明らかになり、著名な小説家としての名誉もかなり低くなっているとか、これらは極端な例だけれど著名な人たちが極端な物言いをする事は控えて欲しいものだ。

☆余剰農産物処理法

一九六〇年十月、皇太子夫妻（今上天皇・皇后）は、訪米旅行の最後の訪問地、オレゴン州のポートランドに着いた。

オレゴン州での美智子妃の人気は大変だった。新聞は「ミラーズ・ドーター・ミチコ」と大見出しで紹介した。millerとは粉屋・製粉業者だ。日本の新しいプリンセスが、大手製粉会社日清製粉の社長・正田英三郎氏の令嬢だったからだ。コムギはオレゴン州の経済をささえていた。

アメリカは農業大国である。第二次大戦中、アメリカはコムギを増産し連合国の食料をまかなった。戦争が終わると、コムギは倉庫にあふれてアメリカ政府はコムギ、綿花、乳製品など余剰農産物に頭をかかえた。そのころ食糧不足の日本にはドルがなかった。一九五四年三月、日本はアメリカとMSA協定、米国が、相互安全保障法（MSA）に基づいて自由主義諸国と締結した安全保障協定。相互防衛援助協定（MSA協定）・農産物購入協定・経済措置協定・投資保証協定の総称をむすぶ。

つまり、アメリカが日本に軍事的・経済的援助をあたえ、日本は軍事的・政治的義務を負うという協定である。日本は軍事力増強を義務づけられた。それと引き替えにドルで支払わなくても良い余剰コムギを受け入れたのだが、その額は期待するほどではなかった。

一九五三年一月、アイゼンハワーが大統領に就任した。

一九五四年七月に「農業貿易促進援助法」が制定された。人呼んで「余剰農産物処理法」である。その内容は、余剰農産物を外国の通貨で売ることが出来、販売代金はアメリカが一部使用するが残りは当事国の経済強化のための借款とすることや、貧窮者への援助、学校給食に使うことを目的として贈与すること、などであった。

アメリカはターゲットをまず日本にしぼった。日米余剰農産物交渉の結果、日本は、三十五万トンのコムギをはじめ綿花、コメ、葉たばこなど一億ドル（当時の三六五億円）のアメリカ農産物を受け入れることになった。五五年である。

当時の一般会計予算は一兆円だ。一億ドルのうち五十五億円相当が学校給食用のコムギ・脱脂粉乳の現物贈与だった。円で買った三〇六億円のうち七〇％は、日本が電源開発や愛知用水などの農業開発につかい、三〇％の九十二億円は、アメリカが駐留米軍用の住宅やアメリカ農産物の市場開拓に使うことになる。

学校給食用のコムギと脱脂粉乳には、しっかりとひもがついていた。アメリカは給食用のコムギを四年間に四分の一ずつ減らして贈与する（初年度一〇万トン、四年次二万五千トン）が、日本政府は、四年間に渡り年間一八万五千トンレベルのコムギ給食を維持しなければならなかった。

アメリカは無償供与を減らすが、日本はコムギの量を減らせないというものだ。初めに書いた一台四百万円というキッチンカーも、そのガソリン代も運転手の日当も、宣伝のパンフレットの制作費もまき散らし代も、アメリカ合衆国の農務省が出していた。

パン職人講習会もそうだ。一億四千四百万円が使われた。学校給食の農村普及事業は、アメリカ小麦連合会が五七年七月、文部省所管の財団法人・全国学校給食連合会との間に、五千七三五万円で契約したものだった。農村普及事業は、三回更新され、六二年まで続けられた。

☆気がつけば……

一九六一年、テレビが普及しはじめると、アメリカ小麦連合会は、週一回十五分の「家庭でできる小麦料理」と言う番組を企画してスポンサーになる。

視聴者の評判は良く、アメリカ小麦連合会が一年で降りると、あとを日清製粉がひきついだ。時代は空腹を満たすためにコムギを食べるのではなく、食べたいから食べるという時代になってきた。パンだけではコムギの消費量には限界がある。麺類はもちろん、ドーナツやホットケーキ、ビスケット、さまざまな菓子パン、スパゲッティーにインスタントラーメンなどコムギ製品なら何でも良い。日本国内の業者と組んで、販売促進活動を展開する。一九六五年になると、サンドイッチ普及事業が、アメリカから五百八十一万円、日本の製パン業界から九百万円で開始される。

洋菓子普及事業に、アメリカから七百二十万円、日本洋菓子協会から一千万円、インスタントラーメン工業界から五百六十万円、マカロニ・スパゲッティ普及事業にアメリカから三百六十万円、全日本マカロニ協会から三百九十八万円を投じてコムギ製品の宣伝が行われたのである。

コムギはもはや、日本の若い層に定着している。食生活をコメからコムギに変えることが可能なことを日本は証明した。日本で見事な成功を収めたアメリカのコムギ戦略は、今そのほこさきを、東南アジア、中国へと変えている。

日本のコムギ生産を滅ぼし、コメの減反をも招いたアメリカは、こんどはそのコメをねらっているのである。

読者諸兄は、この記事をどの様に読んだのであろうか。しかし、これが西洋の作戦なのだ。今の食糧自給率の低下は、当時の状況を巧みに計算したアメリカの作戦を、日本の当時の政治家には読めなかったことが悲劇である。悲劇とはこの事を取り返せない場合に生じる。

当時は食糧難の時である。しかし、このやり方は第二次大戦に日本を引きずり込んだ時と同じ方式である。

そして、今この時、先進国全体は余剰の時であった。が、しかしこれから出現するであろう飢餓の時が来たとき、おそらくこの例の反対の作戦で日本に投げかけるに違いない。だから自給率を二〇二〇年までに一〇〇％に何としても戻さなければならない。出来なければ日本は滅ぶ。

◉無給である事

原則として無給である。自分たちの町を、それも現在から未来に向かう町づくりを考える時、あえて奉仕の考え方で参加する事が、無上の至福であると考える時だ。

つまり、それが誇りであり、報酬なのだ。今までの考え方を変える事が、価値観を変える事が、自分の郷土を作る第一の原点である。報酬と言う名目で金をもらい、その中での仕事に対して名誉まで欲しがる現在の仕組は人間を堕落させた。

本業のほかに奉仕をして、その内容に対して名誉があるのが、ノーマルなものの考え方であろう。権力者は何もかにも自分の物にしたがる、人の物までである。今は、これらの仕組みを変える事もターゲットの中に置く。

そして、その成果を上げるためには、自分の生活範囲の中での変化から始め、やがて大きなうねりにすることで日本を変え地方発の行政改革、地方発の権力者改革、地方発の日本改革となる。不正・汚職・権力の濫用・責任回避・タライ回し、全て基本は責任が曖昧になるように、彼らが仕組んで来た結果である。

だから今こそ、報酬を廃止して、われわれの手で、自分たちの為の町づくりを始め、この見本としてリードする事が最重要課題である。この様にしないと日本は沈没する。

しかし、すべてが良いと言うことはない。日本人の甘さがここに出てきた。

それは〝お上は、われわれに対して悪くする筈はない〟と考える悪い癖だ。つまり、東京一局集中という現象にされたことで、全国一円衰退した。

大資本が自分の都合で、地方から吸い上げる方法が確立した訳である。大規模小売店舗立地法（だいきぼこうりてんぽりっちほう）は、日本の法律である。略称は大店立地法（だいてんりっちほう）。

目的は、大規模小売店舗の立地に関し、その周辺の地域の生活環境の保持のため、大規模小売店舗を設置する者により、その施設の配置及び運営方法について、適正な配慮がなされることを確保することにより小売業の健全な発達を図り、もって国民経済及び地域社会の健全な発展並びに国民生活の向上に寄与することにある。

要は、大規模店が地方を吸い尽くす法で、今の地方の衰退がこれより始まった。言い換えれば田舎をつぶして、働き口を無くし、ごろごろさせて老人を無気力にさせ、老人医療費を増やす方策を整えた法律であった。

さて、次はどうする。外国人に土地を買わせて、特に中国人とか韓国人等に買わせて人を増やす予定なのではないかと、国土交通省が北海道でやっているやり方を見ながら、鳩山元総理大臣が述べていた地球人作りを実行するつもりだろうか。

戦後、特に無償の仕事、お金にならない仕事には、腹の足しにもならないと言って敬遠され、特にお金の入らない事はハッキリ避けた時代が続いた。

私見だが、その時代から日本人に誇りがなくなったと思っている。そして、同時に徳を積むといった考えも希薄になっている。この事は、今後の日本の民衆の質に大いに関係してくるのではないかと思う。それに見える利益は大したことはないとみている今の世代は不安に思う。

「無欲は大欲に似たり」と思うし、実際生きて行く中でこの様な行為が、やがては自分に帰ってくることは明々白々である。昔はそれを徳を積むと表現して、親から「徳を積め」と言われた年配者は多いのではないかと思う。

目先の事にだけに注力した結果、今の世があるわけで、自分の住む町を考えるときは、世代を越えてみずみずしい故郷を各自が考え、提案し実行すべきであろう。

そして、それを自分たちの町づくりの考え方の基本とし、その理念を守りつつ邪心を入れない事で、全てが良い方向に行くようにもって行く。

特にお金が目の前にちらつくと人間は変るし、お金にこだわる人はいろいろな面で、その集団や組織を変質させてしまう。**お金は怖いもの**である。

視察に行く場合でも、往復の旅費以外は個々人が持つようにする。食事も自己負担が良い。

お金はいくら有っても、もっと欲しいもの、その位お金には魔力がある。特に現代はお金が、権力を持っているし、それに左右され易い人間が残念ながら多い。

また、金に権力を持たせた為に今の堕落した風潮になっているが、名誉も利益も結果から出来たもので、お金だけを目的にしては何とも淋しい人間になってしまう。

その最たる例は、今の勲章制度である。毎年春と秋に叙勲される人が新聞紙上を賑わすので大方の人は見ているだろう。この名簿を見ているとなんと公務員の多い事か、奇異に感じる。

選ぶ基準が官高民低が甚だしい。公の費用で授与するので、公平とは縁遠い行事である、と言うのは、まず仕事を通じて奉仕をすることは特別の事ではない。そして、その結果報酬がある、これも特別の事ではない。公も民間も差はない。その上に仕事を離れて関連の奉仕をすることが誰でもその気にならないと出来ない事で、それを特別と呼ぶ。

報酬を得ないで奉仕をしている人に勲章を授与する事であれば皆が納得する。繰り返しになるが、仕事をして報酬をもらう人は、勲章の授賞の対象になってはおかしいのではないか。

この様な制度が住民を奮い立たせない。どうしても勲章を欲しい人は勲章積立てをして自分で貰うべきであろう。

精神的に皆の為を考えて、よかれと願う心。つまり崇高でより誇り高い所を保つには、システム上でお金にこだわれない様に配慮して行く事がこの考え方の柱なのである。

一方、今日のボランティア活動の高まりは日本人もそんなに捨てた物ではないのでは、と希望が持てる。

したがって、自分の為であり、皆の為にやる奉仕だとして、どの場面でも、その崇高さを味わって頂くことが良いし、その考えについてくれる人は想像以上に多いのではないかと希望を持っている。また、特に東日本大震災では、日本中の人々が集まってくるような錯覚さえした。有り難いことである。

◉議員定数について考えてみる

ボランティアに参加してくれる彼らと比べ、議員の数の多いことは、皆で考えてみる時期がきているのではないだろうか。

例えば、市とか県或いは国の議員の方々が、歳費を生活の為に或いは権力を得るために使っている現状を見るにつけ、そしてまたそれを持てば持つほど欲しがる現況は、今の議員に歳費を出すことそのものに疑問を感じざるを得ない。

また、五万余の人口の地域に市議会議員が二十八〜三十人ぐらい居る今の日本と、その半分以下の議員で立派な町が運営されている外国を比較してみる。自信と誇りに満ちた彼らを拝見するとき、何かわれわれ日本人は勘違いをしているのではないだろうか。

まず、そこで一日でも手弁当で、国の為所属する地方の為に無償で議員活動をしたい方々を募り、その活動をして戴くことが良いのではと感ずる。この試みでは、一時、無給を実施し、有給の弊害を取り除くのも一つの方法ではと思うのである。

人の上に立つ者は、人より人の役に立ち、役に立つ事に無上の慶びを持たなくては、その資格はない。

◉ノーブレス‐オブリージュ（貴族の気概＝誇りがある人）

かって吉田松蔭が、子供の頃のことだそうだが、勉強をしているとき顔に蚊が止って血を吸い、痒いものだからそれを追い払ったら師匠に大目玉を食ったと言う。

その理由は「お前は国の為に艱難辛苦して勉強してるつもりかもしれないが、今の行動は自分の為の理由に心を奪われていた。

「国の為とは命がけでやる事である」と師匠に叱責されたと言う。

軽い乗りで、楽しくやって、もしかして余録が有ればラッキー、では素晴らしい町は作れない。もちろんやりきれても世の中は良くならない事は先刻承知である。複雑系であるのだ。

・予め関係者から許可を取る（本人、家庭、職場、その他）

選ばれる事は小さなチャンスだが、大きな役割だと認識しよう。ランダムに選ぶわけだから、当然この事は避けて通れない事であるが、一回二時間という時間も取れない人は無理である。

しかし、名誉な事で有ると同時に、自分たちの今から未来に向かっての町づくりに参加する事は、単に意見を言う所ではなく、もっと気高いものと認識して参加してもらう。

選ぶほうは、次のリーダーを探す運動も兼ねている事は忘れてはならない。同時にその家庭、職場、関係する部署の了解は必ず取っていないとトラブルの原因になる。

企業であれ、家庭であれ、選ばれる事は名誉だという雰囲気作りは、事有る毎に発言をして作って行く。

町づくりには……、

・広く参加して貰うが、欠席がちの人は交代してもらう（チャンスを見て別の機会に誘う）

本来は、住民の全員参加が理想だが次善の方法として、交代で参加して頂く。したがって時間的余裕がない人は、次の機会に参加すると云う方式である。

直接、民主主義ではないが如何に多くの住民に参加して貰うかが成功の鍵である。

同時に決めた事に責任を負ってもらう事が、住んでいる者の責務だし、自分の血と肉で成り立っている事が実感出来るわけである。そしてそこに有るものは、生活者自身の手作りの町である。

・満足も不満足も自分たちの責任なのだ

この交代は出席要請の時にも、会議に入って第一番に了解して頂く事。これが**鉄則である。**要請しても仕事の都合或いは、生活の都合で参加できない方には、次の参加出来る条件が整ったときにエントリーしてもらうルールを作ってはどうだろう。

これは、いやいや頼まれてやるのだという空気を取り除いて行かなければならないからであるし、人の為に尽くす喜びを味合せるチャンスはいつでも開けておくスタンスが必要だからである。

・結論を出す前にそのコミュニティ（外の人の意見を聞く）で話し合う

われわれが陥り易いことの中に、問題の渦中にいてその事を考える時に陥る事がある。それは抱え込み過ぎて出口が見えなくなることがあるからだ。そして解決策から逆に遠い方に行ってしまう。

その時は、一旦離れてみると問題の本質が見えてくることがよくある。

また、目先で良い案であっても、現在から未来に向かって考えても良いかどうかを、第三者に見て貰った方が良い。

私の住んでいる所は観光地だが、ご多分に洩れず観光客の減少で頭を痛めている。そこで如何にしたら観光客が増えるだろうかと県の関係者、市の係、ホテル・旅館の関係者、お土産屋さん、レストハウスの首脳部が年に二回・三回と鳩首会談を持つが、それにもかかわらず観光客は毎年減っている。

岡目八目的に見ると、まず観光で旅行している方々にどんな所を希望するかの条件を聞いてみたら、問題点がハッキリするのではなかろうか。

観光客には観光に行く条件がある。この条件を省いて、まず自分たちの条件を満たし、それから「何とか観光にいらしてください」はないだろう。

この様なおかしな点に陥り易いことが、どの場合にもあるのでコンサルタントでは無く広く物事を見られる人に、意見を聞いた方が良いのではなかろうか。

・コミュニケーションを交わせる距離

単にコミュニケーションを考えるとTV電話、FAX、電話、PC等があるが、ここでは、人間同士が、じかに話し合いお互いを認め合いながら一つの問題を議論するスタイルを想定したい。人はいつでも完全に自分を表現出来る人は、それほど多くはないし、むしろそういう人は少ないのではないだろうか。

したがって出席者同志が判り合いながら会議を持つ事は、密度が上がる。それも性別、年齢を問わずにお互いを主張する。そして理解が深まる。

今後ますます色々なマシンを使用して広範囲な交わりを持つ事が可能になる時代ではあるが、その土地の雰囲気まで遠方に伝えられる世の中はまだまだ遠いだろう。そこに住んでいる人でないと分からないものだから、住んでいる人がどうすれば良いかを考えながら、自分たちの町を作る。

したがって、顕在化される意見と潜在化している意見を掘り起す距離は限られると思う。そこに住んでいる人も、ここを古里としている人のことをも考えながら、これからの住み易い町を作るために集まる。つまりコミュニケーションの一番原始的な方法をここでは大切にしたい。住んでいる人が現在から未来に向かって、一番良いと思う事がベストではないか。

そして、これから住みたい人は常に全国に募集をすることだ。それは、この土地の良さをもっと発信して、それもあらゆる機会を捉えて続けることだ。「ここの地区は心休まる所だよ」と。

・顔を見ながら話そう

今までの町づくりを見ていると、人をバラバラにし人と人の関係を絶つ方式である。本来、人は本能として群れている事で精神を安定させるものだ。

朝、昼、晩と顔が合って挨拶しながら思いやる。江戸時代の町内風景を思い、それの現代版を想像してはどうだろう。コミュニティはもともとそういう事なのだが、どこかでボタンを掛け違えたように思える。

バラバラにすると対立し、宗教や民族で集まるという図式になってしまう。いろんな人が集まり仲良くして行くのが町である。

これから、インターネットやそれ以外にも多様なコミュニケーションが出現して来る時代は、色々な方法で問題点を把握し一つひとつ解決して行ける。時間がかかってもそれが近道となる。

将来は、国の存在も薄くなる事も念頭に入れて考えなければならないのであろう。つまりどんな事態が出現しても、このコミュニティを守るのはわれわれだ、としての原則を組立てることが責任の所在がはっきりするし、そう思い込んで覚悟した方が、そのコミュニティの為である。

そして、大きな町であっても、小さな町であっても、その外側には農村が広がって、そこに住む住民の食糧自給率を高める存在になる事は大切な事だ。

工場生産のような農産物ではなく、正に手作りの生産物が町の中に流通して、健康と食を守り、海からは毎日水揚げされる魚介類が食卓を満たす。町を包むようにして、この様な形が、町も農漁村も豊かにする。

この基本的な形は、戦後私たちが排除するような方向にリードされ続けてきたのではないか。今の形は、工場生産的であり、その仕組みが人間の心を荒廃させた大きな原因だと、私は理解している。

政府が目指しているのは、単純な図式の国家、工場生産方式、大規模で流通業の育成であり、それこそが国を支えるのだと考えているのだろう。そして、地方切り捨て方式を全国展開した結果、全国の中・小商店、小規模生産者等が疲弊してしまった。

そして、これに関連する大きな人数の住民が疲弊し、生活困窮者になっていく。この住民の数が国の財政を追い詰めていく事になる。しかし、気がつかないふりをしている。なんと愚かな事ではないか。

これを避けるには各県に、県民を守る法律を作らせ、これを国は侵せない仕組みにするべきだ。各国との交渉はそれ以後にすることが、国家百年の知恵だと思う。

そして、それを繋げる社会は民族、宗教、人種に関係なく自分たちの生活が思ったように調整されて行く仕組みだ。そしていつもお互いの顔を見ながら話す形態に戻る事だ。この時、市町村の議員・職員が〝住民の仲間〟であるならば必ずや再生されるだろう。

第五章　分断される交通網

◉交通拠点は徒歩圏内に

今は、各自が個々に交通手段を持っているが、大量交通の公共交通を利用するように誘導する方が良い。それには、ターミナルを中心とした生活の場をキチッと意識して、町を作り上げていく考え方が、不可欠だ。

化石燃料も枯渇するし、環境の破壊は進むし、食料不足の時代も来るし、高齢社会はますます進む……これから考えられる事態を想定すれば、身の回りの用件を処理する時は、歩いて行けるところに何でもある事が、町としての最重要点であろう。

例えば、周辺国が平和であっても、食糧不足は早晩来るし、その時は、特に隣の国は一番危険だ。食料の奪い合いは昔からそんなものだと言われている。この様な最低の心掛けをして色々の用意をしておこう。何よりもコミュニティの在り方として、心理的に安心する距離を保ち、若者も老人も共用できる設備を作り、隣近所と仲良くし、お互いの事情も包含して暮らせる町づくりがこれからの在り方ではないだろうか。

しいては、これがバスとか電車をもっと利用して運賃を下げさせる条件でもある。特に高齢者の日常の生活を考えれば、動くたびに誰かを頼る生活は本人の「生」に対する意欲を阻害する。

理想は死の直前まで自分の力で自分の事を処理する、或いは仕事の最中に死が訪れる事が理想とする生き方であるからだ。また、若者であっても日常、いちいち車を使用しなければ遊びに行けないような環境であれば、引きこもりを助長してしまうのではないか。

いずれにしても、隣近所が良いコミュニケーションを保つ事は犯罪防止にもなるのだ。

◉歩いて行ける距離

気軽に歩いて行ける距離は個人の幸福ゾーンである。それもゆったりした歩道をである。この幸福ゾーンは、ターミナルを中心にダウンタウンを形成し、半径七〇〇から一〇〇〇メーター範囲が理想ではないか。

年齢を考えても、町の規模でも異なるが、最大公約数はあるだろう。これは老人の健康を考えた距離でもある。この道を天気の良い時には往復し、或いはウインドショッピングしながら歩く。そうすれば、遠い団地に住まいし、旅行にも、病院にも、文化にも接しづらい距離にいたとしても、一気に寝込みやすい環境から脱却し、死ぬまで元気でいられるに違いない。ピンピンコロリの感興と言うべきか。

今のままでは、世界一長生きできる国であっても、不健康な状態が続き、医療費が限りなくかかる現在から脱却できないに違いない。

中心部に近いところは老人向きの住宅を作り、出来るだけ歩いて行ける環境を作る事が、これからの高年齢者だけでない**住民の為**である。

もう一つは幼児・子供たちと高齢者の交わりを考えるとこれも切り離しは出来ない。町は雑多な価値観をもった人や貧富入り交じった構成が落ち着きを感じる。

今、貧富を考えるとき経済的にだけ考える癖があるが、本来は教養の貧富、心の貧富、知識の貧富、交友の貧富、経済的貧富があって、その中で今自分の持っている富をそのコミュニケーションで活用したいもので、それが本来の人間関係なのであろう。

生活空間を考えるとき、人間の足を基本に考えるか、車を基本に考えるかで違う結論になるだろう。私は足で歩く、を基本に考える。なぜならコミュニケーションが社会の融和を助けるから。

それぞれが生を受けてから、死を迎えるまでの経過の中で家庭でも社会の中でも、どんな時代になっても人間同志のコミュニケーションを主体にした町づくりでないと、いつの間にか人間不在になってしまう。これからの町づくりは究極的に、その様になるような考え方とシステム作りをしていくべきであろう。

多様な多くの人と交わって、社会は出来ているのだから、車主体社会は幼児期から少年期、青年期、壮年期、老年期、そして最終章に行く過程で肉体的にも精神的にも経済的にも得はない。車は巧く使っていく事である。それは人間を主体に考えると必ずそうなる。日本の平野の少ない地形の中で将来の食料問題、化石燃料の枯渇を考えながら町を作り、お互いを高めていく。また、町をしょっちゅう歩いて居ると健康に近づいていくし、毎日発見の楽しみがある。世の中全体がスピードを上げて動いているが、町の中がゆったりしていたら、ストレスも解消される。一日は二十四時間では有るけれど余裕がない人は長いと感じ、充実している人は短いと感じている。

自分の周囲に何が起きているか、或いは四季も深く感じていない人がこの頃多い。日本人はおしなべて個性がないと言われるが、その原因は仕事のペースと生活のペースが同じために起こる現象だ。これは何故だろうかと考えると、一つにはすべて仕事に集中しなければならない環境に置かれていること。二つには仕事中心に家庭が作られていること。三つには結果として金に権力を持たせる世の中になったこと。四つには大きい事は良い事として個人の個性よりも、傘の下に入る事が安全と見て冒険心をないがしろにしたことによる結果だ。

偏差値教育もこれらを助長している。これらの為に周囲の現況は、だれかれの別なく情報として入っているのに〝見れども見えず〟なのだ。つまり余裕がない。

機能一点張りが良いわけではないのだ。生活の中に機能を持込むと、その為に犠牲が多くなる事が有る。それぞれが生活に潤いを損なう事の無いようにした方が良いと思う。

そして、それを助長している条件に、車に乗って点から点しか見えない状況を考えると理解できる。これを変えなければならない。

三谷隆正氏の「幸福論」から……、

人生の目的は知識でも、芸術でも、富でも、事業やその業績でもない。

それらはいのちの結実であってその目的ではない。

いのちの目的はいのちでなければならぬ。

穏やかでつつましい生活は、成功を追求するせいで常に浮き足立っているよりも、より多くの幸福をもたらす（アインシュタインの日本滞在中に残した言葉）

風景を見ながら、季節の移り変わりをじっくり楽しみ、隣人と語り合いながら、時間の中での自分を確認し、おしゃべりをしながらウインドショッピング……現代を感じながら楽しむことを、至福の一部としたい。そして見られる方もまた工夫する張合いが有る。

◉人、親戚、知人と交わりやすい距離

殺伐とした人間関係からは何も得るものがない。一人ひとりの意見は当然違うもの、十人居ると人数と同じ数だけ正義が有ると言われる。

その中で自分が関わって、その人の良い面を伸ばせたら最高ではないか。そのとき手を延ばしたら握手出来る距離であれば日常の会話の中から、夫々が何かを得るものであるのだから。お互いにそのスタンスは持ちたいものである。

今、日本全国競争社会の中に居る。これは**異常**である。だから、これからわれわれは個人の生活の中には、仕事を持込まない強い覚悟が必要だ。

才能は各人各様であるし、それが伸びる時期も皆違う。あなたは何歳だから、ここまでに成果があがっていなければならないと言う事は一切無いのだ。まして一般社会に出れば、偏差値は関係ないし、その欠片でも出てくると人間関係は無いものと思わなければならない。

その時々に、その人の才能が開いた時、その才能を出しあって、そのコミュニティに役立てられればお互いが楽しいのである。

この様な意味では、**人生とは助けられる楽しさと、それに恩返しをして二度楽しむ事が素晴らしいのではないかと思うのである。**

この様にして友人を増やし、コミュニティを充実させて行くと高齢社会を迎えても、自分の事に対して自立心を失わないでいる時間が長く、人間の尊厳を保てるのではないか。

高齢者の割合が多くなる時代と少子化という現実を、今をより良い世の中にするには、多様な年齢と多様な職業人と多様な価値観の人々、それぞれが暮らしやすい世界を造るという共通認識を持つことが、人間関係を、より素晴らしいものにする。

◉公共交通機関を使用する

どこかに移動するときは電車かバスが良い。顔見知りの方も居るし、知らない人も居る。その人たちと色々と情報の交換（世間話し）をして知識を豊富にする事は素晴らしい。

沢山の人との交流は、自分を豊かにするし、人の物の見方も知る事が出来る。つまり見識が広がるということだ。自分の知識、或いは自分のものの見方の幅を広げてくれる。

外国人は、初対面の日本人と話をする時、座席に並んで座り話すことが、それぞれの人柄が分かって良いと言うそうである。

これは日本人も同じ思いで、お互いが相手を見つめ合って話をすると、思っている事の一部しか言えないし、本音が出ずらい雰囲気がある。

同様に高齢者も人の集まる所が好きで、それも誰の手もわずらわせないで行けるところ、気兼なくそこを基点に方々に旅行が出来る便利なスポットが好きである。いちいち車を運転しなくても、誰かに乗せて貰わなくても良いからである。

化石燃料の枯渇も言われて久しいが、今はそれ以上に環境に対しての影響を世界中の人たちが心配している時代であるので、出来るだけ公共交通の利用を意識しよう。

◉高齢者に配慮

ソロモン・ブラザースのエコノミストであるR・A・フェルドマン氏が『日本の衰弱』という著書を出していると、日経紙上の一刀両断欄で金森久雄氏が紹介している。

多少引用の論旨は違うけれども、同氏の「高齢化の中で、働き手である若者の勤労意欲を向上させ、生産性を増やすには今の縮み思考の元凶である規制を撤廃させることが最重要」と言う意見に大賛成である。そしてそれは若者対策と高齢者対策は同じ根である。

同時に規制撤廃のための審議会、或は外圧を頼んでいる今のやり方には効果も期待薄であるし、産業界の思惑からの撤廃圧力方式も問題を曖昧にしている。また住民の声がもっと高いならば規制の撤廃はもっと簡単かもしれない。しかし、住民が大挙して押し寄せる事も一つの方法である。私たちの国であるし、住民の為の政府であるし、代議士が役に立たない時はそれぐらいしないと感じないのではないか。

何故なら元々、色々の規制を政府に対して要望して作らせたのは、企業及びその時々の産業界であるからである。したがって規制を要望し、そして撤廃を要望するこの構図は奇妙である。自分たちの都合で規制を要望し、都合が悪くなれば撤廃を望む。それに引きずられている政治家・官僚は、本来のこの国の将来よりも大切な事として規制をした訳で、その程度の能力なのだろうと考える。

もともと規制をしなければならない時はあったかもしれないが、緊急事態の為のそれであって、その役割が終ったらすみやかに元に戻すのが本筋である。全体の利益の為の規制であるし、特定の受益者の規制ではなかろう。

時間が経てば経つだけ、その規制によって、民間も役人もその方式に馴れ、体質がその様になってしまっている。したがって、その撤廃に抵抗する。その勢力の大きさに経済界、政治家が群がって抵抗する図式がこの社会だ。

原因があって結果があるわけで、何故こうなったのかは検証しなければ、次から次と同じ事が続く。誠に馬鹿らしい。

社会に柔軟さがなくなると大多数の人間が被害を被る。

高齢社会を考える時、基本は〝人間は、それぞれ皆違う〟という大前提が有るはず。

二〇〇七年度の統計（内閣府）では「高齢者が家族や親族のなかで主としてどのような役割を果たしているか」についてみると、日本、ドイツ及びスウェーデンでは「家事を担っている」（日本四〇・一%、ドイツ四三・三%、スウェーデン七四・一%）の割合が最も高い。アメリカでは「家事を担っている」（三三・八%）と「家族や親族関係の中の長（まとめ役）である」

【社会とのかかわり、及び生きがい】

人（同居の家族、ホームヘルパー等を含む）と直接会って話をする頻度

「ふだんどの程度、人（同居の家族、ホームヘルパー等を含む）と直接話をするか」についてみると、「ほとんど毎日」の割合は、スウェーデンで八八・一％と最も高く、次いで、日本（八六・五％）、アメリカ（八三・四％）、ドイツ（六八・八％）の順となっている。

【不安・関心・満足度】

悩みやストレスの有無

「現在、日常生活で悩みやストレスがあるか」についてみると、ドイツでは「大いにある」（一三・四％）の割合が一割を超えているのに対して、日本（七・一％）、アメリカ（九・二％）、スウェーデン（六・五％）では一割未満となっている。

「まったくない」の割合は、スウェーデンが五七・〇％と最も高く、次いでアメリカ（四七・四％）、日本（三九・四％）の順となっている。スウェーデンでは悩みやストレスを感じる高齢者が少ないことがうかがえるが、時系列でみるとその割合は減少傾向にある。

体力と意欲の旺盛な人、そして働く意欲が有る人は何歳でも働けるようにすべきだし、雇う人はそれに見合った給料を払えば良い。

並行して、高齢者の介護を考える時、子供であっても成人であっても老人であっても、体力相応の手伝いをする世の中が社会全体のバランスが良い状態なのだ。

「人の役に立ちたい」と答えた人が九十三・七％もいる事は頼もしい事だ。民間も官庁も同じ条

件、それぞれの組織の水準でやればよい事だ。ただ官庁は民間で監視しないと、やりたい放題だから要注意である（これは今までそうだからだが社会が変ってくると一般人と同じになる筈）。

そして、それは地方ごとに条件は違うことなのだから、それぞれの地区の智慧の中で処理した方が良い。全国一円で、全国水準でと言う考え方は止めて、自分たちの条件で如何なものかをもっと主体的に考えよう。

今迄のやり方は余りにも問題を含んでいる。そのやり方は免罪符的役割、或は政治的思惑、そしてそれを一部のボスたちが決めている。これは住民を無責任のグループに追い立てるだけなので、これに検討を加え、現在から未来に向かっての問題として智慧を傾けるときである。

これら単一でない問題から高齢社会を検討する時、当事者と未来の当事者と、多様な思考の住民に責任を持った会議を持たせる新しい方式で、それぞれの結論を出して行かなければならない。むろんその結果には賛成者も反対者も責任を持つのは当然である。

高齢者に対する考え方は、子供が生まれて成人になる過程の逆を辿って行くと単純に考えては当てはまらない。

体は赤ちゃんには成らないし、プライドが有るし、新しい事の学習能力は急速に落ちて行く。その為に五十代の内に行動を体に覚えさせないと手遅れになる。一人ひとりが老人に向かう過程は違うと考えなければ理解できない。

また、健康で高い知識で努力し、その結果日本を支えてきた。しかし、ここでも先進国の仲間に見本になる国が少ないから、仕事をリタイアするとただ遊びに夢中になって、世の中が今どの様におかしくなっているか関心が少ない。健康なうちは最期の時を迎えるまで、自由になる時間の何分の一かを社会の為に奉仕に振り向けて行く事を実践しなければならない。

自分の体験してきた事を利用して役に立つ事をする。それが健康な考え方である。

昔は年寄りは、世の中に有用であったから尊敬された。それは能力一杯を出し切って社会に貢献し、その自分にプライドを持っていた。一方では、その為の不自由さもあるのだが、プライド優先である。中年から老年、男女合わせて全部もう一度プライドを持とう。

◉若者が魅力を感じるところ

若者が町に魅力を感じる条件の中に、遊ぶところが有るか、同じ年齢の若者が如何に多いか、都会に遊びに行く時の交通アクセスが良いか、現代文化・施設が近くに有るか等々がある。

しかし、それだけでは有るまい。自分の活躍するステージが少なすぎる事が、魅力がないと感じる原因の大部分ではないだろうか。自分に話し掛ける人、自分を必要としている人、自分が役に立つところが如何に少ないかも原因だと思うのである。

視点を変えると、今住んでいる町のくすんでいる原因は、今までの町を引っ張ってきたリーダーに責任が有るのに、責任を感じないで居座っているこの状態をどうにかしなければならない。このときに異口同音に出てくる言葉は「リーダーの不在」だろう。しかし、本気でそう思っているのではない事に行き着く。なぜならリーダーを探す行為が全然ないからである。

そこで私は提案をする。

若い、役に立ちたいと思っている人、潜在的にその力を持っている人を探さなければならない。

ここまで書いてきたが、表現したかったことは多くの埋もれている人材を、この町づくりの為の智慧を集めるために引張り出す。このやり方が、言い換えればリーダー探しも兼ねている事でもあるのだ。今の日本人が皆、金持ちになる事だけが幸福に直結しているような錯覚から、早く気づかせ、引き戻して町づくりに参加させる。その中からリーダーが自然に生まれる。より素晴らしいリーダーが、**埋もれている。**ある面から見ると、町づくりはリーダー探しと一体であると認識する事でもある。自分がリーダーに、と名乗り出る日本の若者は欧米と比べると少ないように思う。

◉町を良くする為に自分も参加する

阿波踊りの歌詞の中に「踊る阿呆に見る阿呆、同じ阿呆なら踊らな損々」という部分が有るそうだが、何の場合でも自分の問題とするには、その中に入らないと分からないものである。

物事を詳しく知る事から、自分の事として問題が見え、その中から何が不足しているか、或いは、この町の場合は、そこに住んでいる人の為にどうしたら良いかが見えてくる。**その為には参加することだ。**

自分たちの町を自分たちの物とするには、自分の考え方も大切だし、皆の考えも同じに大切で、そこに住む人皆がこよなく愛せる町でなければならない。

したがって、町は皆で智慧を出し合いながら、創らなければならない。特に公共施設、或いは老人施設、子供の施設の芯の部分は町中に作るのが、様々な場面を想定してみると最良ではないかと思う。それなのに……。

今、日本国中に変な物の考え方が蔓延《はびこ》っている。十人居れば十様の意見がある筈なのだが、十人の意見を無視して、それもそこに住んでいる人たちを無視して事を運ぶ。**おかしな事だ。**

色々な面から提案すれば、そしてそこに住んでいる人たちの現在から将来までを見通して考えると、必ず別な方向にまとまる筈だし、皆の町だと意識する事で、素晴らしい町のプランニングが出来る。例え、それが今までと同じ結論になったとしても、住民が皆で自分たちの今と将来を自分の手で作る事の意義は大きいのだ。そしてそれは絶対におかしな方向にはいかない。個人の家では無いのだから……。われわれの基本的な考え方として、人は法律の成立する前から存在し、自然への憧憬、畏怖、人間の尊厳、人間の倫理、人間に対しての思いやり、将来の存在価値etcが、前提としてあって、それから法律がある。この順序が大切だ。

◉商店街と大店法の改正

商いの原点は、物々交換から始まって居る。店を構え商い始めたのが信長が奨励した楽一楽座あたりから、というのが一般的な認識だろう。

ギリシャのポリスは商人が作り、それが町の始まりという。日本という国の商人と西洋の商人とは、成り立ちが違うために、現在でも商人と商店街の地位に雲泥の差が有る。したがって商店街を官僚が見るとき、或いは産業界が商店街に本支店を構えるとき、単にそこに人が集まるから

	社　数	社員数	販売額
平成14年	1,170店	5,680人	10,956,236
平成16年	1096店	5,499人	10,436,315
平成19年	989店	4,983人	9,765,255
平成21年	915店	4,979人	9,632,400
平成24年	621店	3,688人	9,538,000

儲かるだろうと、金にあかして乗込んできて浸食した。現在の日本の形は不幸である。

一九九八年の小渕内閣の時に、第一回目の大店法の改正があり、大型店が地方に出店し易くし、森内閣の時に第二回目の改正で地方が徹底的に大資本の草刈り場になった。

上の表は、宮古市で作成した統計から抜いた数字であるが、会社数の減り方、従業員の減り方、販売額の減り方等は、他の地方都市も似たような数字ではないだろうか。

僅か五・六万人の人口の都市で働く人がこんなに減り、それも十八歳から六十歳までの働き手が減ることは、地方都市の破綻につながっている事実を為政者は知らないのではないか。

年齢のバランスがこれほど崩れてしまうと、町の活力はなくなる。と同時に子供と老人が居ることは、それぞれの役割があって、子供対策と老人対策は一体のものであることを忘れた政策であった。

老人医療費の問題と幼児・子供を見ることは切り離してしまっては家庭・家族は成り立たないことに早く気づかなければならない。同時に大家族の奨励も並行して進めることである。それには平行して減税があって生きることである。先進国では聞くところではフランスがその様にしていると聞く。

そして、次に日本の商店街は、その町のコミュニティの中心であり、町の財産なんだとした意識を持たなければならない。

戦後GHQの指導で、日本を共産主義国にすることがルーズベルトの方針だったと公開された文書にあるという。同時に個人を大切にすることは民主主義の根幹であると盛んに言われたことを思い出す。

その延長線上において、日本流のコミュニティが瓦解した。二百を超す国が地球上にあるけれども、皆同じ価値観である必要はない。むしろこんなに多くの国があるのだから、それぞれの価値観、風習、言語が違って当たり前であろう。いや違わなければならないのではと思う。

それは国内でも同じではないだろうか。だから各地を旅行する価値が増すのである。

現在の国際化を前提にした英語教育はナンセンスである。仕事から必要性を感じてマスターすべき事と断じることである。

だから過疎になっても、外に向かって広げていくのが町づくりなんだとしている官僚の政策の結果、商店街を空洞化にした。住民もその位置付けを容認した。

世界の潮流として商店街は「わが町」のアイデンティティを担う大切な「地域社会資源」であるとし、ほかの得体の知れないなにものにも、その管理を占有されることがあってはならないものである。その様な意味合いで固有の権利であろう。

高坂正堯氏の『文明が衰亡する時』（新潮社）にも、同様の趣旨の記述がある。参考にすべきであろう。言い換えれば、商店街はその時々に構成している各々の商店の所有物ではない。住民の要望する商店街作りをしない各々の商店は、商店街を出て行くのが、住民に対しての義務である。特に大量販売で経費を節約し、安く売るスーパー形式の販売が上陸してから、専門店がそれを真似て堕落した。それがまた商店街の地盤沈下を促すという悪循環を生みだし、繰り返していく。

住民の負託で、商店街を預っているという意識を、もっと中心に添えて、少数とはいえ利用してくれるお客を大事にして応えて行くのが毎日の仕事であり、その延長線上に色々展開する方法がある。先に商店街の改造があるわけではないし、利用する住民が多くなれば、改造する意欲が沸いてくると言う事で、その反対はない。

店舗を立派にする事が、商店街を変える一番の大事ではない。構成する商店のお客を大事にすることの重さをより感じ、そのことにより反応して行く義務がある。

そして、地元商店の売上げをもっと伸ばす。

そのためには地元商店が、コミュニティにとってどの様な価値があるかを消費者にアピールする時である。

地元商店は、できる限り地元で作られたものを調達、販売し、その土地らしい町づくりに貢献する運動を展開する。その上に今は、ほとんどの町は過疎、高齢化、少子化に向かっている。公共施設はおろか診療所から老人ホーム、保育所、住宅まで高層化し、集約させて、来るべき将来に備えなければならない。社会資本の充実を考えても、今の横に広げる方式は日本には合わない。

一方、商店街の売上、そこに働いている従業員の数、および所得が町を潤している事も事実である。特に田舎はその恩恵が大きい。

専門店は販売している商品の深い知識を持つことは当然だが、利用者の役に立つため、精神的な事にまで気を配り、ある時は相談に乗るぐらいの気概とやりがいを持つことが、日本的なやり方かも知れないと思う。

それには商店街を情報のネットワークで繋ぎ、各個店はそれを利用して役に立つことを考えることが自店を守り、自分を守る事ではないかと愚考する。

◉永遠に繁盛するために、われわれ商人は

企業が、お客様に愛され、永遠に続くには一つの決まりがあると考える。それは通年、創業時の勢いを持った力を持続できるかどうかに強く関係する。

お客との真剣な関係とその持続、時代にあった考え方を素早くマッチングさせる適応力、如何に経費をかけない体質の継続が出来るか、仕入れ値をどの様にして安く抑えられるか等が関係する。これにはいつの場合も基本として、人間の弱さを計算に入れなければならない。

人間は自分だけ権力を持ちたい、自分だけ金持ちになりたい、俺だけ俺だけがという考え方で先走ると、企業の健全性を損ねる大きな要素になってしまう。

これは、企業は人格を持ち、人間の欲望とは相容れないものと考えなければならない理由である。

その様にしても、設立から、百年を経ても生き残るのは約三%と統計に出ている。これらの条件の上に、今日の日本の状態は大資本だけが残るように政府と官僚と外国の勢力が（主に保険・

投資銀行）仕組みを作った。その結果が、地方商店街の衰退に繋がったし、中小企業の弱体にも繋がった。そして、この災いはこれからも続く。

これは西洋的な「単一思考」という考え方が基本であり、東洋的思考の「相対合一論」「総合化」という考え方と相対する。これは実態として世界に進出している企業は、前者の考え方で、戦っていかねばならない条件の中にあり、それに対して経済の一元化は国内を戦場としているわれわれ、特に地方に住んでいる者には相容れない仕組みである。

つまり、資本の力で弱小企業をなぎ倒し、直接末端から本部に吸い上げて行きやすい仕組みを作る。

その大多数は、首都圏に本社が有り、その収益から税金をその自治体に支払う。最初の年には東京都では予測より一千億円の税金収入があったと新聞に発表されている。

また、アメリカにしてもフランスにしても、国家が決めた事でも地方政府は独自の考え方が出来るようになっている。つまり世界戦略を早くから研究してきた国は、すべてに対応する仕組みを作って進めている。

その様な手当を何もしないで実行してしまった日本は、正に裸の王様状態、したがってわれわれ国内を相手にしている中小企業は、後者で戦うことが正義だったはずなのに、気がついたら、中央資本、外国資本の草刈り場になっている。

しかし、いつの場合も全部の責任が一方にあるわけではない。われわれ中小企業側にも責任の一端がある。それは一丸となって戦う組織がないということと、各自治体が後押しをしてくれないという実態であるが、先ずそれを変えないと対策が整わない。

明治の実業家だった渋沢栄一の書簡に、次のような文書があると評論家の田中直毅氏が書いている、それを見ると……、

「富貴は万人の欲するところなり。しかれどもこれを得るに道あり」。

たとえば、三井家は伊勢松坂出身者による呉服屋に始まる。三井家はそれまで、質屋などを手掛けていたとか。時の当主は実業を拡大せねば、真の社会奉仕は出来ないと考えたのが転機だったという。渋沢によれば彼は「世人の便利を計るを専一」としたので繁盛した。

「大阪の鴻池もまた山形・酒田の本間」も（その祖先が陰徳を積み、富を得るのに正当の道を以てした）といわれている。

近江商人に〝三方よし〟とする絶対的に信奉する言い伝えがある。近江商人の行商は、他国で商売をし、やがてそこで開店することが本務であり、旅先の人々の信頼を得ることが何より大切であった。そのための心得として説かれたのが、売り手よし、買い手よし、世間よしの「三方よし」である。取引は、当事者だけでなく、世間の為にもなるものでなければならないことを強調した「三方よし」の原典は、宝暦四（一七五四）年の中村治兵衛宗岸の書置である。また、今でも近江地方にこの考え方を信奉する事業家、商人の集団が居て日々研修しているとか言われている。

いつの時代でも、油断すると「俺が仕事をした結果儲けたのだ。その儲けをどうしようと俺の勝手だ」という発想が自分を支配する。特に日本人は、その例が多いと言われている。

しかし、よくよく考えてみると客が買ってくれたから、利益が出るので、それによって利益が生まれるというこの状況が事業の本質である。つまり支え合い支えられ合っている関係が客との関係なのである。

企業を健全化する三つの要素は、お客、従業員、株主を公正な立場で遇する基本路線を守る事である。

したがって客も買って得をしている筈だと、うそぶく事はすべての関係を断ち切っている言動と行為だ。その行為からは、決して親密な関係は生まれないし、継続的な仕事をする事業家の言動ではない。

いわば敵対関係と同じだと言える。どこかで私たちは親密な関係作りから遠い行為をしてきたから、困ったときに知らないふりをされる。相互扶助は人間関係の原点なのではないだろうか。

仕事を一所懸命に、それも良かれと思ってやっていたとしても、一緒に歩むときにお客、従業員、株主がいなければやがては独りよがりの状態となり仕事は衰退してしまう。

こんな文章がある。

〝事業は世の中が求めてこそ公共性と利益が一致する〟

また、どんな事業でも、よって立つ、その土地から支持されないと長続きはしない。これらの条件の中で永久に繁盛して行く道は無いのかと、先輩各氏が常に真剣に考えた課題だったと思う。

しかし、我が社の百年を越す歴史を見ると一つのやり方が見える。

それは、自分も従業員も緊張の中に置くために、商う商品を変えて来た歴史であった。言い換えれば、革新の連続の中に今日があったと推測できるのである。

中国の歴史書を見ているとき面白いことに出会った。

一つの王国が戦いに勝ち、国の行くべき方向、どの様な形態に持って行くのが良いかを考えた時、一つの考え方に行き着いた。

それは、民衆と官僚と自分（王）を同じ位置においた条件の時に、国の経営が一番国力がつくし繁盛すると言う考え方である。

これには多くの歴史的な現実があった。そしてこれを象徴的に表現したことを三種の神器で現し、それが鼎《かなえ》と玉と印だとしている。因みに鼎とは青銅で作った鍋のことである。そしてこの鍋についている足の数は三本である。この足は民衆と官僚と自分を現していると、その時の王は子孫に伝えている。これが「三者鼎立（さんしゃていりつ）」と言う語源の出自であるという。

国の経営をよく持って行くとき、この三者の形を大切にして行かなければならないので、それを表現した。これを守った時には国の経営が良く行き、この言い伝えを守った子孫の国は大体三百年は繁盛した。この三百年は一つの王家の限界なのだろうか。この考え方のポイントは、その意味を理解し、三者が協力しあった時、成功するという。

そして現代にこれを当てはめたときに株主、従業員、お客が会社を支えている構図として理解して、これを具現化しなければならない。この三者で事に当たれば前進できる。

この様な事業体を作れば、大型店にも対抗できる。この形態は三本の内の一本の足が長くてもひっくり返る。短くても転んでしまう。つまり緊張状態をいつも表現し、そしてそれは皆、公正の中から知恵を出し合うことが安泰に行く道である。

現代の日本は、バラバラになった方が自分の勝手が出来ると結果的に教育をされた。まさに変な個人主義で品格ないことこの上がない。一人ひとりが誇れる品格を保ちながら、手を携えなければ無防備になってしまう。つまり私たちは矜持を持たなくては成らない。

これがなければ、自分としてのよって立つ基礎が無い事になる。その結果が一番弱い立場になり、将来に希望がなくなる。それが今日の一般の姿である。何故この様になってきたかと考えたとき、ある指針がある。

森信三氏は、人生と職業について次のように書いている。

「われわれ人間にとって、多くの人々は自分の職業の意義をそれほど重大なものと考えていないのではと言う。そして職業は単に生活の糧を得る面からのみ考えられていて、この傾向は近頃とみに著しくなってきたからだとも言う。そしてそのために職業がこの世の中で、自分の素質、天分を発揮する上に最も根本的なもの、かつ本質的な道だという考え方が、人々の心から次第に薄らぎつつあるのでは……」と述べている。

これは先進諸国を見たとき個人の権利が強いけれども、底辺に同じコミュニティ（地域社会）を大切にし、それが有ってこそ個人が守られるとし、それこそが根本的なものである。お互いが守り守られる姿勢だ。

これらは第二次大戦以後、日本に失われたものである。二度と世界に刃向かう気概を持たないように当時の占領政策は仕組んだのだった。

つまり自分と戦うことまでも放棄し、牙を抜いてしまった結果であるのではないか。例えば、未だにニューヨーク市には大型店が入れない。住民がこぞって反対しているからだ。これは文化が違うと言うだけでは無い。翻って、日本では大型店が入ってくるとき、反対するのは商店街だけで、住民は味方をしてくれない。この住民の中には、利害の関係者が含まれることもあり、なお問題は複雑である。

端的に言えば、私たちが住民を味方にした仕事をして来なかったことに原因があるのだ。したがって、今行動を起こすときそれぞれの事業体はハッキリ、住民と従業員と経営者を一つの融合体としての動きをしていかなければ生き残れない所に来ている。

この考え方は、それぞれの地区のコミュニティを大切にする行為であり商店街、商工会議所、個人事業所など皆そこに住んでいる人々の共有財産としての見解で考えなければ、それぞれの事業者の三者はただ沈んでいく一方である。

この仕組み作りの基本として株主、従業員、お客が融和し、手を携えて一緒に歩き出すことである。この考え方に乗って行くことが会社の安泰に繋がると同時に、ここに働く従業員の会社に対する一体感と自分の能力の存在感と愛社精神に繋がる。これは自分一人では絶対に達成できないものである。

これは信用と財政的な裏付けと世間に対するオピニオンリーダー的な、そして立体的な事柄を含むものであろうか。

具体的には三者の求めるものの共通の分野を満足させるために、常にお互いと話し合いを持ち、智慧の交換をする。お互いの直裁的な合意点を話し合い、その中から、潜在している考え方の掘り起こしも出来よう。

これらの繰り返しが信頼を深め、よりよい方向に誘導してくれる。そして、どの方向が向かうべき道かは株主、従業員、お客の意志が決めると言うことである。

これらを毎日の仕事を続けながら、くり返していけば、その時々の時代が反映されて毎日が新しい。このやり方を期毎に継続していくことが肝要である。

世の中は常に動いているから、経営者は基本を忘れないで仕事をリードしていくことになり、取るべき道が明確化出来、なにより皆が納得できて進みやすい。

この連続が、会社全体の活力を生む存在に成り得るものだ。この範疇で、会社の中の部門のそれぞれが実績を上げていけば、本体の会社力が高まるし、世間からの信用度がそれによって増す。この連続が、結果において会社が名実共に向上、充実するし、現代にマッチしたやり方ではないかと考える。

したがって、この考え方を基本的な柱としてそれぞれの部門を構築していく。

繰り返しで、別な表現をするならば企業の成長、或いは経営の役割とは、その都度新しい企業活動の場づくりができ、それを実行・実践することであると認識すべきだ。それは、その時々の企業体質を改善し、時にはうち破る勇気を持ち、脱皮し、新たな企業体へと飛躍するチャンスを前面に立てて、ものを考え実践することに尽きる事ではないか。これが事業の連続性である。

多くの困難な課題に挑戦し、それを乗り越えながら従業員の心と力を結集し、お客様のニーズを把握するために会話を通じながら、お客様の今の希望を把握し、三者でよりよい明日を創造し、構築する力になる。この姿勢を一丸となって確立する企業文化に持って行くことを関係者の深層心理に植え付けることだ。

いつの場合も企業は、必ず官僚主義、事なかれ主義、減点主義と言った大企業病に冒される。そして、この病は、時、所、タイミングを知らずに、突然襲うものと心しなければならない。しかしこのとき、挑戦し続けるという組織風土が、この状態からの脱却をもたらす。この姿勢が私たちを救う。この連続が新しい時代を切り開いていくことに繋がる。

この様な方法を困難なことだと考えるとすれば、それは前進する事業体ではないし、その様なトップは事業を推進していく役割には不向きである。

この人たちの役割は木に例えるならば「木の葉」であると認識しなければならない。認識できない社員と判断したら、直ちに別の行き方を進めることも経営者の役割である。この行為は、お互いの幸福のためであるし、会社がこの社会にやらなければならない義務の一つである。

言い換えると経営者とは、その時々の事業を乗り換えつつ、その時代の変遷にうまく適合する勇気を持つ者であり、それが最低限の資質であると言うべきか。

またこの伝統は、「革新の連続」がもたらしたものであろう。

【参考として－法案・条文】

大規模小売店舗立地法（立地法）、中心市街地活性化法（活性化法）、改正都市計画法の街作り

関連三法が公布された。各法の公布日は、立地法と活性化法が六月三日、改正都市計画法が五月二十九日。この法律に付帯決議があるのでそれを記した。その順序に記載する。

付帯一「本法が広く生活環境の保持、住民利便の確保を目的とする事に鑑み、欧米諸国同様、一定の街作りの重要性にも留意する事」（衆議院第一項）、「大型店の立地が街づくりに影響する事に鑑み、生活環境の保持、住民利便の確保の観点から、地域・街づくりにも十分配慮して指針等を策定する事」（参議院第二項）とされた。

また、指針策定に当たっては「地方自治体の運用が制度改正の趣旨に則して円滑かつ適正に行われるようナショナル・スタンダードとして明確かつ具体的なものとする事」（衆議院第一項）とされ、さらに「地方自治体が個別事案への対応を行うに当たっては、地域の実情を柔軟に反映できるよう、配慮すること」（衆議院第一項）、届出事項を定める省令については「指針に照して必要十分な事項を盛り込むこと」（衆議院第一項）とされた。また「地方自治体においては、本法の趣旨に基づき、地域住民、諸団体をはじめとした関係者の意見が適正に伝わるよう検討会議の設置など住民参加の途を十分確保する（衆議院第二項）こととされた。「都道府県による勧告・公表制度について、その目的が充分に担保される的確な運用を行うよう指導するとともに、その運用状況について常時把握すること」（衆議院第四項）、「本法がその趣旨に則って適切に運用されるよう、その運用状況について十分注視し、必要に応じて適切な処置を講ずること」（衆議院第八項）、等の内容が盛られた。また、「出店に伴う生活環境上の影響が広範囲にわたる場合には、都道府県等が広く関係者の意見を踏まえて、適切に対応するよう指導する」（衆議院第三項）ことが決議された。立地法第十三条（地方公共団体の施策）の付帯決議は「本法がＷＴＯの諸規定に適合するものであることを明確にしたものであることを踏まえ、改正都市計画法等を活用して諸外国でも行われている中心市街地活性化等のための郊外開発の規制等は行われ得ることを明らかにし、この旨を周知徹底すること」（衆議院第五項）、また、「本法、改正都市計画法、中心市街地活性化法の制定の趣旨を十分に踏まえた街づくり、住民の購買機会の確保が促進されるよう、関係省庁は相互に連携して、地方自治体が地域経済、社会の健全な発達と地域住民の利便の増進のための必要な独自の新興策を講ずることを積極的に支援すること」（衆議院第七項）とされた。
（全法連情報から）

◉健康について　ホームドクター制と高齢化

健康に関心がある為に、日本には高齢者が多くなっている。それに我が国の先人たちの智慧が、今の食生活にまだ生きている。われわれの祖先は長い時間、自然との係わり合いが人とのかかわりと同じ次元でなされてきた結果、征服者と非征服者の関係は考えられなかった。

ヨーロッパ・アメリカ・中東及び中国の文化はその対局にある。地球の砂漠化の主な原因は、この文化の為にある。なぜなら彼らは自然をどん欲に食い尽くし、それが他の国をも植民地化してきた理由だとする歴史がある。これが彼らの常識なのだ。したがって、畑作麦文化であり、肉食文化が彼の地では常識である。

我が国古来の食生活は、自然の恩恵にあずかるスタイルからの出発で、今は相当アメリカナイズされてきて、現代の若者は長生き出来ないのではなかろうか。それも半病人の様な生活スタイルで行くのだろう。

フランスではアメリカナイズされた食生活の為に肥満が増えて、それを政府が問題視しているという記事が新聞に掲載されていた（一九九八年五月）。

成人病と言う言葉は、今は無く生活習慣病と呼ぶそうだが、その意味を若い人たちが分からないと何にも成らないが、四十代から下の年代は、相当の部分で知識は勉強と言う形でしか頭に入らない人が多い。

生きていて見えるもの、聞こえるもの、経験するものがすべて勉強だったわれわれの年代からは理解できないが、そうであればあるだけその形式で教えなければならない（目聴耳視《がんちょうじし》とか行間を読むという言葉はあまり使わなくなったがそれだ）。

前段が長くなったが、健康は自分自身が作るものであることを前提にして、その上で医者との二人三脚が一番である。ホームドクター制は、今考えられる段階では一番良いと思われる。

何故ならば、われわれは遺伝子情報の中で作られている身体なので、まず祖先の特徴を知り、個々の生活習慣を知り、どんな性格の人かを知っている医者が適切に指示できる制度が一番良い方法と思う。

日本では、まず大きな病院へ行くことが、ベターだと思っているが、大きな病院の欠点は「病気」を直す事に主眼を置いているが、本来のホームドクターは「病人」を直す事に向いている。

病院制度は西洋から伝わってきたが、その発達史を見ると、十八世紀中頃から始まった産業革命で田舎の人間が都会に働きにきて無理をし、我慢をして相当に悪くなった状態で収容されたところがホスピタル。医学を志して勉強をし実務がホスピタルでウデを上げる所が病院の発達史と聞く。

西洋におけるホームドクター制度は歴史があるし、現代から見ても合理的と言える。ホームドクターは専門知識からと患者の経過から次の指示が出来る最適者である。そして大病院は、その次の段階に必要な施設だ。

特にこれから認知症の老人が多くなる。ただイギリスの例では各学区単位に老人ホームを配置している。これは同じ年頃のそこの風土に育った人たち同士は話に花が咲き、価値観を同じにしているために話題がずれない。この環境にいれば、認知症のすすみ具合が止まるとか言われている。

今どきの学校教育は知識偏重。社会人教育の中の生産に携わる人たち、そして、その上に五日制の導入と同時に授業時間数の十時間削減、例えば「円周率は三で良し」という。

偏った授業と「ゆとり」と言う名の手抜き。その結果、世界各国の中での一国の急激な学力低下。特に「ゆとり」教育ではアメリカでは国内で批判されて止めた制度の取り入れ、一転批判されて元に戻して、今度は小学生から英語教育をさせるという。

十年間の週十時間削減された中で教育大学で教育された新米先生たちは、増えた授業の中で使用する教材の取り扱いが出来ない等々すべて教育界を混乱に貶めた原因は、日本人から日本人の特性を消滅させ、個性だけを重んじる世界人に仕立て上げる企てとしか思えない。

このことは日本人に日本の歴史、習慣、思考傾向、家族愛等々を取り上げる事を放棄させようとしている。

国語を一番大切として、子供たちを教育出来なくては、日本は消滅する。国語を通じて日本を理解し、この基本から外国との違いと理解が進む、歴史ある国は当然判りきった常識が我が国の指導者には理解されていない不幸が彼等にはあるとしか言いようがない。

また、成人して、世界という外国と関係する日本人は何パーセントなのか。やがてその何パーセントの為に犠牲になる国民の九割におよぶ日本人、（歌を忘れたカナリヤ現象）と無視できない状況になっている。

この状況が構成に及ぼす結果を、一つ為政者の間違いと軽く考えては成らない。彼等はこれで何を期待するつもりか。為政者は基本として枝葉末節を重んじる様ではこの国は結果として発展途上国と肩を並べようとしていると言える。

第六章　再び、町づくりとは

◉気になる世論調査

この頃、頻繁にそれも一週間ぐらいのスパンで世論調査の発表がある。当事者たちは必要だからと言うのだろうが五月蠅い。

二、三年ぐらい前からの傾向だ。特に政治に特化している。そして、その内容であるが政策よりもスキャンダルや失言などに過度に反応して調査しているように感じる。

まず調査しているのは、マスコミが大半だ。そしてそれに政治が右往左往する。

また、それにマスコミが反応して騒ぎ立てる。そしてこの輪が大きくなる。本来の目的の「パブリック・オピニオン（公共的な意見）」と「マス・センチメント（大衆の情緒）」の区別がつかなくなっているのが今の状況だ。

始末が悪いのは、公器のひやかしになっていることに気がつかない。国民はこれに過度に反応せず、本質をきちっと見極めて判断することだ。

今、一番の気がかりは、この手法が政治に波及する危険である。もしこの手法が手っ取り早く利用したいと独走すれば、例の小泉内閣のときの一点集中形と同じになり、政治の危機である。

民主主義の行き過ぎた危険の典型的な手法であったと考える。今の世論調査の頻発は、逆に国の行くべき道を間違えてしまう恐ろしい現象である。

さて、人間とはアリストテレスの見解によれば、人間にとって善い生活とは理性的で徳を伴った活動である。徳とは人間の性格における特性であり、さまざまな種類があるものの、アリストテレスは幼少期から無意識に獲得される倫理的な徳と理性によって形成される知性的な徳とに二分し、倫理的に追求するべき徳には中庸という共通の構造があると述べている。

中庸とは、二つの悪徳の間に存在する徳目であり、例えば臆病と軽率という悪徳の中庸には勇気、野暮と道化という悪徳の中庸である機知などのようなものである。

つまり、アリストテレスは、善い行為とは極端な行為ではなく、節度ある行為であり、個々の状況に応じて適切な判断を下すことが善い生活をもたらすと論じる。

今、私たちは人間の本質から離れて、動物のように目の前の現象だけに反応し過ぎては居ないか。突き詰めて考えてみよう。

また高学歴で、左脳しか使わない職業の人たち、或いは生活まで仕事に組込まれているわれわれ日本人は、その生活習慣の為にボケに成りやすいと金子満雄ドクターは説いている。つまりボケが増えると予想している。高学歴・無教養よ、さようならである。

ここに社会学者のエドガー・モラン氏が、二〇〇〇年七月十六日の教育に関する基調講演が掲載されているので興味深いので引用する。

「グローバル化の歴史は、欧州による植民地支配から始まった。二〇世紀の世界大戦、植民地の独立を経て、ポスト冷戦の新しいサイクルとして現代のグローバル化がある。今日では市場原理や市民権が世界規模に広がり、文化交流が盛んになっている。しかし今の世界は、部分が全体に、全体が部分へと働きかける複雑なカオスの状態にある。世界は今後ますます均質化して行くが、同時に細分化も進む。人々が未来に懐疑心を抱く中で、伝統や民族、宗教への回帰が起こってくる。

地球という宇宙船を動かすエンジンは、科学、技術、経済の三つだ。しかし明るい未来に導くはずの原動力が、一方で戦争や環境破壊をもたらし、地球全体に脅威を与えている。かってのプラスがマイナスに転換したことが、今日のカオスの原因で、人類はもはや羅針盤を失ってしまった。二一世紀を迎える上で私たちは、地球を文明化していくのか、破壊行為の中に陥っていくのかという重大な選択を迫られている。

こうした中で、いくつかのポジティブな現象も見られる。環境問題の深刻化に伴い、人々の間でエコロジカルな関心が高まってきた。戦争に対し、人々の心の中に平和倫理をうち立てるという、新しい希求も生まれつつある。こうした連帯感や平等意識を基に、あらたな革命への動きが生まれてくると思う。

断片化した知識を詰め込む教育が、現代の悲劇を起こした。世界の再創造を遂げるためには、部分と全体の関係構築に向けた思考の転換を、教育改革を通じて追求しなければならない。フロイドが唱えたコンパッション（共感、慈しみ）の考えは、釈迦の教えにも通じている。これが、人類の新しい連帯原理になりうると考える」。

以上が講演の内容であるが、私はこれに足して世界分業化しつつある経済を、人間の社会生活に当てはめないように気をつけ、それぞれの国の文化を大事にする仕組みが絶対的に必要だと考える。

つまり一定水準の物産は、それぞれの国で生産消費するように心がけなければ人々の不安を取り除くことが出来ないからである。

責任という言葉を辞書で調べてみたら、①「しなければならないつとめ」と最初に出ている。つぎに②として、ある行いの結果から起こる損害に対する制裁を受けることとある。

今、個人として、この①と②を考えるとき大いに反省することばかりが考えられる。また、これを、自分対自分、自分対その時どきの相手、自分対小さいコミュニティ、自分対大きなコミュニティと考えを広げていく時に、それぞれ責任の度合いが、或いは重さが違うのである。同時にこの様な事象には、常に前記の①と②がそれぞれに存在する。

これに私は、近年の傾向である経済至上主義を当てはめてみると、もの凄く小さい単位の自分或いは会社の論理しか見えていないことに気づく。そしてそれはほとんどその行為の結果、将来起こるであろう事は想定されていない。

この頃のわれわれは口では、色々な理屈を行っている訳だが、総て自分への有形無形の利益導入が見え見えである事に気づく。実はその結果、その災いが自分に還って来ることなのだが。

◉指導者の資質

人間は誰でも、人に認められたい気持ちがあると思う。若ければなおさらである。子供の時なら、それは大人から見てほほえましいものだ。

ところが長じて実力が付いてくると鼻につく場合がある。その場合、なぜか年が若い人は同年代の人より寛大になる。

特に向上心のある人は、それを受ける人の度量に比例するのではないかと思う。

さて、自分の周囲を見回し、色々の集まりの長《おさ》に会う機会が有る。この長の人たちは、会が平穏な時は何を決める場合も軽く考える。しかし長たる者、どんな場合も事が逆に動いた時に器の大小が見え隠れする。

この時この頃の傾向は、その長をやめれば事が済むと思っている人が多くなった。あるいはいろいろ理屈を言って居直ってしまう。

そのことの結果で、関係する周囲がどの様になっているかは関係ないようだ。事が小さければなんという訳ではないが、やがて大きな役割を担った時、過去、体験としてどの様に処理してきたかが現れる。

そして、それがいろいろな不祥事の責任の取り方に、いわゆるその人の人生観が、かいま見えるものだ。

ところが今どきを見ると、誰も責任を取らない傾向が多いから、自分もそれにならってしまう。責任者が責任の大きさに対して責任を取らなければ、それより小さな（本人の見方）事だからと頬被りしてしまう。これが今の日本の常識になった。嘆かわしいことである。

もしかして、日本人の美徳である「武士の情け」を都合よく解釈し、追求しないことを、盾に取っているからではないか。曲解するなと言いたい。責任の所在は、何処までも追求して、この甘えを直さなければならない。

「情けは人の為ならず」と言う言葉がある。もともと他人に対して有形無形の思いやりの行為は、結果として何時かは自分に返って来ると言う意味だった。近年これが人に情けをかけることは、その人のためにならないからやらない、と言う意味だと思っている人がいかに多いことか。

自分が誘導した行為の結果、何年後かに悪いことになる場合がある。つまり思惑違いになった時と初めから仕組んだ時とが考えられる。どちらも責任を取らなければならない。事の大きさに準じての責任である。今この世界で、或いは日本で責任を取っている人がいるだろうか。私にはそれが見えない。

この責任は、事の重要性に比例して大きくなる。したがって責任ある地位についている人は責任を取って貰いたいのだが、反比例して逃げまくる。

オックスフォード大学の教育目標は「悪を悪と見抜ける目を持った人間を育てること」だそうである。オブラートに包まれた表現より素晴らしいではないか。またパスカルは道徳に関して、こう述べた。

「道徳の第二原則は明晰な思考である」

今の日本の法律は欠陥が多い。つまりケース・バイ・ケースの裁きが下されていない。それなのに結審されれば、後で別な証拠がでても、再度、裁判にかけられない法律になっているという。

前科何犯という人間が世の中には結構居る。それでも裁判はその都度の罰則しか言い渡せない。

ある事の知るべき立場に居る人が地位を利用して犯罪を犯すことがある。この判例も部外者の起こした犯罪と同じに考えて言い渡す。だから次から次と違反がでてくる。

あくまで私見であるが、少なくとも知り得た地位にいた人には、法律で決められている罰則の二倍か三倍の罰を言い渡す。それが平等と言うものではないか。

日本人の築いた文明は、日本人にもっとも適したもので、個より公、金より徳、競争より和、主張するより察する。惻隠や「もののあわれ」などを美しいと感ずる我が文明は「貧しくともみな幸せそう」という古今未曾有の社会を作った文明であるとは藤原正彦氏の表現であるが、私はもっともだと思う。

一万年前からの縄文時代からあった土着の文明に、二世紀頃から中華文明が混じり十六世紀から西洋文明の影響を受けたけれども独自の文明と見なさざるを得ないとサミュエル・P・ハンティントン教授が説明しているし、他の社会学者もその見方に同意している。明らかに日本文明と中華文明は、あまりにも隔たっているからであるし、朝鮮半島とは異なるものと学問的には見られている。

時は、その人にとって、過ぎ去るだけのものなのか。いや人生にとって時は、積み重ねられていく。ある時は未来に、ある時は過去まで行く。多少、他人にかかわることはあっても一生の間、積み重ねられていく。その積み重ねられたものはその時々、それぞれの私を作った財産である。この財産は次の私の行動を、或いは良くもし悪しくも左右する。貴重な財産は決して過ぎ去りはしないし、心にとどまって、明日の自分に役立ってくれる。

だから、それは一人ひとりに取って、決して過ぎ去り忘れられて行くものではない。そこに存在するものの寿命に合わせて滞留し、歴史を刻み、運命が尽きれば過客となって忘れ去られて行く。その時、一人の人間は歴史を重ね、人間としての重みが出来、それが時間軸の上では右から左、或いは左から右に流れないで自分を形成していく。其れが自分であることは論をまたない。

振り返って見るとき、そこには功罪織り混じっていて、その時々の自分がある。繰り返して言えば一人の人間の歴史は、その人が死を迎えるまでは過ぎ去っては行かないものである。

たまたま今、次の言葉が目に入ってきた。阿含経のパーリ語に、次のような言葉があるという。生まれたものたち、死を逃れる道なし。老いに達し滅す。実に生あるものたちの定めは、かくのごとし。ついで生と滅のあいだに住《とどまる》を挿入して、生—住—滅と説き、三相《ぞう》とか言う。

一生を終わるまで多くの良いことよりも、知らずに罪を重ねて行くものが人間である。

そして、この頃気づいた事なのだが、一人の人間のピークは一度きりでは無いかと。

若いときにピークを迎えた人は、後半が難しい。これを持続させようとすると世間に大変な迷惑を掛ける。本人はそれに気づかない。その人がもし影響力のある権力を持っていると、その権力に比例して世間に迷惑をもたらす。そしてそれに気づかない。何故気づかないかと言えば、辛口の友を作らなかった自分に責任がある。この様な人は今の日本にはものすごく多い。だから気づいても権力者同士でかばい合う。それでまた、その地区は発展しない。何故この様に成るかと言えば、このたぐいの人は自分の人生の目的を一つしか持っていないからだ。人生は考えている以上に多様なものと知っていないからであろうし、世間も迷惑は迷惑と断るのが親切ではないか。

このために日本の発展を阻害している事実を、知らしめなければならない。

人生の中頃にピークを迎えた人は、前述の人より世間を知っているから、同じ行動をした場合は確信犯的な人である。なによりも法律を知っていての行動は、その度合いに合わせて罰を下すことである。

戦後、此の国には悪平等を平等と言った時期がある。その影響は五十年を経ても未だ元に服さない。

ある国にはスリーアウト法というものがあるそうである。それは一回、二回の罪を犯したときは裁判をし、法律の条文どおり罰するが、三回目には、例え、こそ泥でも終身刑なのだとか。裁判も必要はない。この頃の犯罪及びそれに類する事柄が多い。特に権力者は馬耳東風的な傾向が見える。

平等に考えるならば、就いている地位に比例して罪を重く掛けることが当然である。したがって今後はわれわれの身の回りを良く見張り、おかしな事はおかしいと指摘することが親切と知るべきであろう。それが世の中が広く良い社会に生まれ変わる兆しになる。

人生の後半にピークを望む人は、決してそれまで恵まれないからではない。自分の才能と性質と何よりも誰とも比べないペースで登ってきた道を、自信をもって到達したから自然体である。この自然体は人と比べるものではない。自分の頑張りに比例してのピークだから大いに満足する方がよい。

そして、それを他人は批評する立場にはない。もしそれでも比較したいならば、その程度の人間ということである。つまり比較したがる人は価値がないからであると同時に、自分が良くても他人が酷評しても、それぞれは死によって忘れ去られていく。この事は身内も他人も、月日は百代の過客にして、行き交う人はまた旅人なりと言うことかもしれない。

◉欲望の渦

先進国の中にあって、自分の人生を自分がコントロールしている人は、どれくらい居るのだろうか疑問になっている。

例えば、アメリカ合衆国は経済至上主義で世界をコントロールしようとしている。そしてそこには宗教的、倫理的な意味合いは一つもない。昔、武力で覇権する事は普通に行われていた。

発展途上国は、残念ながらそれが今普通である。この覇権を経済で達成しようとしているのが、現在のアメリカである。追従して先進国は負けじと経済の覇権を争い始めている。この現象は武力のそれとの相違は認められない。日本の指導的立場の人たちは、この流れに同調してきた。そしてこの国をリードして行こうとしている。

今、私たちはこの現象は、心の貧しさに直結していることに気が付いて居るが、大きな声になっていないことが問題である。

もしかして気が付いていないか、気づいていたとしてもこの考えから外れることに恐ろしさを感じているのかもしれない。

だが、この道は地獄に一直線の道で、先に進むほど逃れられない道なのだが、そうとは思っていないのだ。だから考えを改めないのだ。

キリスト教を信奉してきた国には文字があり、人間の欲望が切りのないものであることを歴史の記録として反省し、倫理に対しての大事さを理解してきた。時にはそれも行き過ぎた倫理に縛られたことも歴史に記されている。

一方、文字の発達の早かった国の雄、中国はB.C.五〇〇年頃にはインド、ローマと同じ偉大なる思想家が生まれ、人間として有るべき姿としての倫理が指導されたが、残念ながら信奉すべき神が一つに限定され、それも一人の神とあらゆる生物の中で人間が万物の霊長として、頂点である考え方をした為に、今の様な地球破壊の道を歩んでいる。

特に、この頃は次から次と欲望の池にはまりこんで行く。欲望地獄に一直線に落ちていく。

これは一神教の国の行き着く運命で、最初から他を認めない事から始まっている考え方の限度ではないかと思う。

特に今のアメリカは、世界の中の一番に成ることだけが頭にあってパンドラの箱を、次から次と開けてきた近年の歴史があり、人間の醜いものをさらけ出すことが、正直なものとして価値観を変えてきた。また、よその国もそれに遅れてはならじと追いかけ始めている。日本も同じ穴の「むじな」である。この現象は、かって武力で他国を征服した歴史と何ら違いはない。

地球の砂漠化は、他人類の征服とか、先に述べた万物の霊長として進化の頂点にいるとする思い上がり者が、地球の資源が無限であるとして来た結果であることは、環境考古学の調査で分かってきた。

これ以上砂漠化を進めないとする意志が本当であるならば、今の価値観を改めなければならないが、その考えはないだろう。

このアメリカ社会で、次のような事象があると時事通信が伝えている。

カリフォルニア州ロサンゼルス郡ベル市の総務責任者が、七十八万七百六十三ドル（約六千九百万円）の年間給与を得ていた。ベル市では市民の約四分の一が貧困に苦しんでおり、この異例ともいえる高額給与に批判、この市職員の給与はオバマ大統領の二倍の給料であるとか……。このニュースを見ながらなぜか日本の地方都市に散見される。

◉地域開発の一つの方式

地域開発には色々の方式がある。

地場の企業が事業を興すことと、企業を誘致することは、例えばこれを商工会議所とか、官公庁とかがこれらを主になって運ぶことが一般的であろう。

そして、これらはどこの土地でもやっている手法である。ただし、商工会議所を挙げるに付いては少し条件がある。

それは一九五三年（昭和二十八年）の「商工会議所法」に基づき設立される非営利の法人組織で、国民経済の健全な発展を図り、かつ国際経済の進展に寄与することを目的としている。

この目的を達成するために、次のような事業を行う（同法九条）とし、意見の公表、建議、諮問への答申、商工業に関する調査研究、情報・資料の収集・刊行、商品や事業内容などの証明・

鑑定・検査、輸出品の原産地証明、施設の設置・維持・運用、講演会・講習会の開催、技術・技能の普及・検定、博覧会・見本市などの開催もしくは斡旋（あっせん）、商事取引の仲介・斡旋、取引紛争に際しての斡旋・調停・仲裁・相談・指導、信用調査、観光事業の改善、社会一般の福祉に資する事業……その他である。

商工会議所は、原則として市を地区として設立されている。会員は、その地区内において引き続き六カ月以上営業している商工業者でなければならない。

設立にあたっては、前述の営業実績を持つ三十人以上の者が発起人となることが必要で、役員として、会頭一人、副会頭四人以内、専務理事一人、監事二ないし三人を置き、そのほか一定数の常議員を置く。

しかし、大雑把に言えば、会の趣旨は今の地方の疲弊を想定していないのではと思える。全国一円の経済を想定し、それも全国展開が出来る業者を想定した中身のような気がして成らない。参加資格をゆるめなければ、参加したくても大多数が会員からこぼれ落ちるのではないか。

そして、もっと深刻なのは、この地方にあっては今や一次産業の農業漁業の従事者をも巻き込んでいかなければ、商店街は立ち行かない状況になっているのではないだろうか。

日本の職業者の大多数は中小業者で、ここが立ち行かなくなっている状況は、やがて何をもたらすか想像をしたくない状況ではないかと思う。

ソ連が崩壊し、今また、ギリシャが同じ条件の下で崩壊にきわめて近い状況。スペイン、ポルトガルが後を追うのではと危惧されている。

現在の日本の輸出輸入に関係ない大多数のわれわれは、今の国の同一の経済運営が、決してわれわれの明日の希望に結びつかないものではないか。ただ国のハンドルが曲がるまで、われわれは持たないのではと考えざるを得ない。

しかし、私たちは高杉晋作ではないが「おもしろき　こともなき世を　おもしろく」と辞世に詠ったことの真意と同じく希望を持つために、今何をしなければならないか。

この商工会議所の中で、どの様な風を吹かせることが出来るか、で有ろう。

それでは、それぞれの役割から、この問題を考えてみると別な一面が見えてくるし、今までやったことのない、或いは数少ない手法の中にこれからのやり方があるように思える。それはそれぞれの持っている機能、特徴、特性別に地域の開発を考える方法である。ただし、どの方法も自分の役割を考えて行動を起こすことが成功する絶対条件で有る。

そして誠実、慈愛、惻隠、忍耐、礼節、名誉、孝行、公の精神などを重んじ、卑怯を憎む精神等を底辺に色々なことを考えてみたいものだ。これは今の日本人に欠けていて、世界の中で国の特色を無くして三等国に向かっている現状のように思える。そこから脱出することが、ひいては各地方都市を導く絶対条件でもあると思う。

まず研究機関の誘致である。これはそこを中心に研究した結果をそれぞれの企業が事業化すること、これが一連の流れでなければならない。この考えを、例えば今話題の深層水に当てはめてみると県の工業技術センターの分室を誘致し、そこに深層水を常時吸引して引き込み、ここで基本的な研究をしながら民間の研究機関にも研究の場所を有償で提供して広がりを求める。

そして、その中から企業化できる分野を宮古及びその周辺に設置する。そうすると医学、化学、生物、食料、飼料等あらゆる分野の企業を立ち上げることが可能である。

われわれの土地に立地している企業は、自然発生的な分野しかないが、この様に考えるとあらゆる企業が集まり、その波及効果が考えられる。その経済的な方面からみると景気に影響されない都市環境が出来るのではと思う。つまり、これからは広がりを持つ展開を予想し、仕掛けることが市の経営を安定させる基になる。

深層水で言えば、世界で一番の深海を目前に持ち、あらゆる段階の深海水を採取出来る場所は、宮古が一番である。なぜならマイナス六〇〇〇メートル級の日本海溝が二〇〇〇キロ沖にあるからである。

しかし、これを推進するときは、県内他市に対しては隠密裏に進めないと邪魔されて構築できなくなる。

次に、土地に合ったものを、その土地で一番旨い料理方法で食することが、これから定着させるべきことである。つまり地産地消（土産土法）である。

例えば、海のものを見てみよう。昆布、鮑、わかめ、魚介類等をである。今、私たちが仕事上でやっている一つのパターンがあって何となく、その方法が一番良いと思っている節がある。しかし、実際われわれの行動パターンは、自分がいかに美味しいものを食べるか、自分がいかに綺麗に着飾るか、いかに格好良く年を取るか、いかに良い道具を手に入れるか、それはつまり自分を抜きにしたことは考えの基本から取り除くことは出来ないものである。それが庶民の望みである。ところが今やっている行動パターンを見ると、前の望みとは離れたところで仕事、商売をしようとしているのである。

話を元に戻そう。先に挙げた魚介類は原料として加工業者か、それに類する人に売って生計を立てている。自分たちが「この様にして食べると一番旨いのになぁ」という事は抜きにしてである。確かに北海道の昆布の例がある。北海道で獲った品質の良いものを北陸あたりで三年から長いので十年くらい寝かして料理屋に売る。寝かせることで一流の味になると言う。

一般的には大阪の業者にわたり、大阪の人の味覚に合ったように加工されて、今の「こぶ」がある。或いは鱈の子が九州に北前船で移入されて「博多明太子」がある。しかし、前浜で収穫して、そこに食べるものが無く、毎日同じものを食べざるを得ないとしたとき、そこに工夫があった。その工夫はそこに住んでいた人だけの物として、細々と残っている。

しかし、今やこの工夫が表舞台に出るときである。収穫された物が収穫した人たちが一番旨い方法で食べた物を、表に出してそれで客を呼ぶときである。願わくば自分たちが食べて余った物を、ご馳走として出す。この考えが余裕を呼ぶ考えである。なぜならば、旨い物しか客には出さない事になるからである。

観光客を呼ぶことでも基本は変わらない。観光客を如何にして呼ぶかと考えるときに、まず観光とは何かを考える必要がある。観光とは今や風景、風物、人情、土産土法で培われてきた食べ物、土着の文化、それが醸成されてきた文明等、観光に来る人の興味は幅広くどん欲に拡がってきて、より面白いものを要求されている。

したがって、今までの狭い意味の観光に関係する人間だけが集まって相談をしてきた方式は、旅行が流行していた時までの認識であり、時代錯誤である。

どのような土地で、どのような施設に、どのような食べ物を、どのような待遇で、など、いずれも旅行する人が主導権を持っている。この条件はなにも観光だけにとどまらない。

言い替えて考えてみると政治にも、物作りにも、商売にも、行政にも、医療にも皆同じ条件があてはまるものと思っている。

さて、観光に話を戻すと、今までは観光地の持っている条件をまず頭に入れて、この条件に満足する方は是非当地を観光して下さいと主張してきた。いつものことではあるが、まず自分がその様なところに行きたいだろうかと自問してみると答えは簡単である。自分は、自分の条件に合ったところ以外には行かない、旅行する人も同様で、その価値観は変わってきている。気に入れば、何度でもそこを訪れる。これは以前、旅行する方々は、そこには何があるかとか、未知のものを知りたいがために出かけていたと理解している。今は、あるゾーンに行くと心が癒されるから旅行する方々が多い。

前述のように、癒されたい人は、自分のフィーリングに合った場所を探したいという願望がある。それだけに、ネットを始め様々なツールを使って、情報を収集しているはずである。受け入れる側は、その時々の旅行者の年代、性別、好みなど調査してそれに細かく答えることが一番大事であろう。

それには、自分は今どの様なところだったら旅行したいだろうかと自分自身に問いただしてみたらいい。そこから大多数の皆さんにリサーチし、その意見を集約し、その条件に合わせる。これが前提だ。ここから関連する受け入れ側は、どの様に対処するか。切実で有れば切実に対応する筈である。

本当に観光客を受け入れたいならば、旅行に訪れている人にヒントがあって、その実現だけが自分を救う。その時、自分が守るべき絶対条件は「自分のファンを作る」事であろうか。その次はリピーターをどの様に作っていくかに有るはず。

繰り返しになるが、その時の参考にする考え方は、自分だったらどの様にしてもらいたいかと考えることが基本であると思う。

◉商工会議所の現代的な役割

さて、商議所の現代的な役割に変身する方法を考える。

平成二十六年九月「地方創生」の背景と論点を発表し、論点（一）守備範囲はどこまでなのか、論点（二）「少子化」「東京集中」対策をどう融合するのか。論点（三）「拠点」をどう考えるか、論点（四）地方はどう参画するのかが発表されている。これらはすべて、政府、県を軸に考えられて一番大切な住民との関わり、選ばれた地区以外は対象外であることが地区外の住民にとって大問題である。

歴史的に見れば、戦国時代の大名、それも都市型の大名だったところを対象に何とかしようとしている。しかし時代の要求を中心に、人工的に都市作りをすることの問題を含んでいるように見える。私はむしろ基本を、それぞれの住民たちの生存意欲をアップする手助けから地方の再生を手助けすることが肝要であると思うし、その時に商議所を中心に会員を刺激しつつ、それぞれの仕事の充実と新分野に挑戦する意識の改善をしながら組み立てて行くのが、本来の、本当の地方再生であり、底力の養成が出来、そして長く続く日本再生に繋がるものであると思っている。

何故なら、各集落の集合が町であり、そこに住む人たちが活き活きとして生活している場が町になってきたという進み方がノーマルであるからだ。そして、その活き活きした人々によりよい将来が、継続するような手助けをする事が、地方再生の基本にすることであると考える。

官僚が考えた町は、住民の大切な底に流れているものを捉えられないことは、今までの町づくりを考えてみると理解できるだろう。公務員は特に地方にとっては高給取りで、住民が抱えている問題の場を理解し難いと思う。

例を挙げれば、彼らの何人かは定年になると都会にサッサと移住している。この様な人間が土地の住民のこれからを真剣に考えるだろうか。町づくりは、将来もそこに生活者として住み、そのコミュニティの中心になって考えることの出来る者でないと、今そこに存在する問題点とそれを積極的に解決し発展につなげていく力には成り得ない。

したがって、その地区の将来性と、それを支える住民とのコミュニケーションの中から、それぞれの住民とそれを取り巻く自然との帳合いを引き出し、その方法と方向が活き活きした地区を生み出す力になると思われる。

その時、それらの力をうまく引き出す場所にいる者と考えられるのが、商工会議所の職員だし、その活用が最適だろう。官も民も知り、政府からの金の処理の経験もある。もちろん会議所には農民が会員になっていないし、仕事を持っていない市民の意見をどの様に吸収するのかは考えなければならない。

◉老朽校舎

岩手建設新聞に江刺市（現在の奥州市）の梁川小学校が改築されるという記事が出ていた。昭和三十七年に新築された鉄筋コンクリート造りの建物だそうである。三十七年が経過した建築物である。木造建築物と変わりない耐久で有ること。

終戦直後（昭和二十年後）山の木が成熟していない（例えば杉で有れば六十年前後が最適とか）若木を使用したために耐久性が不足で三十年ぐらいで改築された例は有るけれども、コンクリート造りの建物の寿命がどうしてこの様に短くなったのか。

一方、現在、丸の内地区東京駅前で改築中の丸ビル（今度はなんと呼ぶか）は、百年も使用し、未だ使えるけれど現代の設備に変えるととてつもなく費用がかかるので、新築すると二年ぐらい前に新聞に出ていた事と重ね合わせて考えると、同じコンクリート造りなのにと疑問を持つ。つまり三分の一の耐久性の原因は一体なんだろうと誰もが疑問を持って居るのではないか。

また、私の住んでいる地域のＪＲ山田線は昭和八年に開通した旧国鉄線である。

岩手県の北上山地は、山また山の地形である。したがってトンネルと橋の連続で石炭を燃やす蒸気機関車の時代は盛岡から宮古まで列車に乗ると、白い服を着ていると真っ黒になるなど日常茶飯事であった。

その山田線は、トンネルも橋脚もコンクリートで出来ている。七十九年以上も経過して、何ら問題がない。オリンピック当時に作った高速道路とか新幹線のコンクリート施工トラブルを聞いていると何かとんでもない事が起きているように思うが、取り越し苦労で有ればよいのだが……。

例を挙げれば枚挙にいとまが無いほど良い例も悪い例もある。そして、それは何故か、戦前は良い例、戦後は悪い例に分かれる。戦後は官庁が率先して設備の量にシフトし、粗製濫造であっても沢山作り、社会資本を充実させた。そして国力を誇示した。

ところが民間も官庁の真似をして安い建物を建てた。戦後五十年を越えても、未だこの考え方を変えないで居る。

大きな地震でも来ようものならひとたまりも有るまい。そして、この考え方は、人の物の考え方に大きな影響をもたらし、例えば物を言う場合は、その場限りで責任の無いことを平気で言い、自分の作ったものにも代金を受け取り、受け渡しが終わればそれでお終い。政治家の言動も、マスコミの取り上げ方も、いかに世の中に迎合してのそればかりを取り上げ、軽薄短小的国民の製造に手を貸している。

前述した事を少し詳しく記すと、戦争直後の物のない時代には、山にろくな木がなかった。戦争に勝ちたいとして伐採して山を坊主にしてしまったためである。

その時の指導者も頭を抱えた事だったに違いない。その時ラジオから次のような歌が流れてきた。

お山の杉の子

（一）むかしむかしの　そのむかし
椎の木林の　すぐそばに
小さなお山が
あったとさ　あったとさ
まんまる坊主の　禿山は
いつでもみんなの　笑いもの
「これこれ杉の子　起きなさい」
お日さまニコニコ
　声かけた　声かけた

（二）一（ひい）二（ふう）三（みい）四（よう）
五（いい）六（むう）七（なあ）
八日（ようか）九日（ここのか）
十日（とおか）たち　にょっきり芽が出る
山の上　山の上
小さな杉の子顔出して
「はいはいお陽さま今日は」
これを眺（なが）めた椎の木は

あっはははのあっはははと
大笑い　大笑い
（三）「こんなチビ助　何になる」
びっくり仰天　杉の子は
おもわずお首を
ひっこめた　ひっこめた
ひっこめながらも　考えた
「何の負けるか　今にみろ」
大きくなって　皆のため　お役に立って
みせまする　みせまする
（四）ラジオ体操　ほがらかに
子供は元気に　のびてゆく
昔々の　禿山は　禿山は
今では立派な　杉山だ
誰でも感心するような
強く　大きく　逞しく
椎の木見下ろす
大杉だ　大杉だ

（五）大きな杉は　何になる
お舟の帆柱　梯子段
とんとん大工さん
たてる家　たてる家
本箱　お机　下駄　足駄
おいしい弁当　食べる箸
鉛筆　筆入　そのほかに
たのしや　まだまだ
役に立つ　役に立つ

（六）さあさ負けるな　杉の木に
すくすくのびろよ　みなのびろ
スポーツわすれず
頑張って　頑張って
すべてに立派な　人となり
正しい生活　ひとすじに
明るい楽しい　このお国
わが日本を
つくりましょう　つくりましょう

国民全体が頭を抱え、この焼け野原に家を建てようとしたとき三寸（九・一センチ）の柱を使って、家を建てた事が戦後六十年経ても、全国の山に二〇センチ以上の柱がとれる杉山があふれていても、その様な利用を考えない基準、何よりも建物が三十年、四十年で建て替えを奨励する基準は改めなければならないと言いたい。

コンクリートの建物は百年以上持つように、木造でも百年以上持つように奨励する必要があると考える。

そして社会資本を広げるように考える時だ。結果として森林地帯が潤う。

二〇〇五年に、一級建築士による構造計算で不正事件があった。これを機に建築基準が変わり、違反者に重い罰則が科せられた。それに乗じて巧妙に弱小建設業者が、競争に負ける仕掛けを官僚は作った。

つまり大手の建設会社に、毎年高級官僚が再就職をしていく。ここからは憶測であるけれど、この際に就職組と会社の幹部、そして政府のこれから再就職するであろう官僚が仕組みを作る。このからくりの中には、終戦直後の木材がない時代に苦肉の策として三寸柱で家を建てざるを得なかった。

六十七年もの時間が経ても守っている条件は、工場生産出来る柱、それは細切れの木片を合成糊で貼り合わせる柱、山には六十年以上経ている太い杉の木が埋め尽くしているのに、伐採しずらいようにしている。この国はすべて中央の大手だけが、ますます拡大するように国の官僚が仕掛けている。

再就職（天下り）する企業が、安泰であるように、し向けているこの現象を作った。中小企業に務めている人数が圧倒的に多いこの条件を考えれば、将来の生活保護者を積み上げていくやり方を政治家は、どの様に見ているのか知りたいものだ。

一方、官僚から議員に、或いは定年退職後に議員になっている。議員数、国に勤務している高級官僚、大企業に再就職して経営者になっているもの、国をコントロールする政策決定の場にいつも隣り合わせにいるのは、かっての同僚である。政策を作るに当たって、いかようにも差配できる、つまりお手盛りが出来る環境が構築出来ている。

これが現在の日本国の大企業寄り、国際進出企業寄り、製造業寄りと言われる所以である。その結果、それ以外の企業は従事している従業員の多さから、四苦八苦している。この人たちが一気に生活保護者に成る危険をはらんでいる事をご存じかな。

ギリシャ、スペイン、ポルトガル、イタリアの様に仕向けている。つまり地方の切り捨てを実行している。

そして、一方の口で「これからは地方の時代です」と言う。言葉だけだというのは、地方自治体に権限の委譲がない。地方が立ちゆく法律の立法権がない。地方には立法出来る職員がいないという理由と聞く。だが全国を一円とする法律と地方の特徴を生かす法律は相反しない。

ここで一時期どうにもならない選択であっても、それが改善された時、正常に戻す事を戦後忘れてきたつけがここにも出ている様に思われる。そして改悪をどうして改善と言うようになったのか、何れにしても間に合わせて実行するときは、年限をいかに短くするかが妙手であろう。何故ならいつの場合でも、一つの方法を実行すれば、それを飯の種にして商売が成立し、同時に圧力団体になって止めることに反対をする。

そして、それが今の時代を作ってしまったのである。したがって今の時代に不満を持っている人の多いのは、これらのインスタントでの対処の仕方の中で生きて来た事に関係していると思う。つまり人間として本来のところに戻る努力が考えられる制度、この場合は特に官庁・政治家のその場限りの物の考え方、作り方、進め方を排除し、変な平等意識を変革して行くこと。それは個々人の尊厳を尊重し、生きとし生けるものの現在と将来を、それぞれの人生観で過ごせるような世の中を出現させるような仕組みを作らなければ日本人は信用されない人種に成っていく。

滅びの坂を転げ落ちていく様相と言うべきか。

話を元に戻すと、コンクリートは普通百二十年は持つものだそうだ。ここに日経新聞紙上に掲載されていた経済協力開発機構の資料からの抜粋を載せておく。

◉公共投資の対ＧＤＰ比

表で示した、これらの数字は耐久性がない社会資本を作っている証拠のように思えるし、公共事業に特化した政策を採ってきた結果であろう。

日経に、「劣化コンクリート若返る」と題された記事が掲載されていた。要約すると、コンクリートが空気中の二酸化炭素などと反応してぼろぼろになる「中性化現象」になった状態のものをアルカリ溶液をしみ込ませて劣化を防ぐ方法が開発されたという。これでコンクリートの寿命を数十年延ばすことが出来るとのこと。それも二週間の作業で、鉄筋に電気を流し、再生させる方法とか。素晴らしい方法が見つかっている。あまりにも日本のコンクリートの寿命が短すぎて、前述の様に、公共投資の対GDP比が年々増していく状況を見ていると、やがて国家予算が公共投資にだけ配分しなければならなくなるのではと危惧していたが少し安心する。

勿論、万事解決にはならない物であろうが、何分の一でも希望があることは良しとすることであろうか。ただし、いつの場合もそれで飯を食っている者の性向は、いかに儲けるために、それもそれとは無しに手抜きをすることに専念するから油断は出来ないけれど。それと未だコストは新設と同じにかかるとか。

【引用】研究員の視点

わが国の公共投資水準は本当に適切か？

■ピーク時から半減した公共投資予算

病院、道路、橋梁など、われわれの生活や産業の基盤となる公共施設を「社会資本」と呼び、「社会資本ストック」とは、その整備量を指す。

	日本	米国	英国	ドイツ	フランス	イタリア	カナダ
1975年	5.3%	2.1	4.7	3.6	3.7	3.2	3.7
1994年	6.6%	1.6	1.9	2.0	3.4	2.3	2.3
2005年	3.6%	2.5	0.7	1.4	3.3	2.4	2.6
2009年	3.4%	2.7	2.6	1.6	3.4		3.9

「公共投資」はこの社会資本を整備するための投資のことだ。

内閣府の国民経済計算によると、わが国の社会資本ストックは二〇〇九年末で三百三十五兆円に達しているが、公共投資額は一九九六年の三十二兆円をピークとして減少し、二〇〇九年には十六兆円と半減している。根強い「公共投資悪玉論」の風潮の中、わが国の公共投資予算は年々縮減傾向をたどってきた。

■公共投資水準は欧米諸国並みに低下している

公共投資削減の根拠の一つとされてきたのが「欧米諸国に比べ公共投資の対GDP比率が高すぎる」というもので、たしかに九〇年代のわが国の同比率は六％台と主要先進国の中でも際立って高い比率を示していた。

しかし二〇〇八年には三％台と、欧米諸国とほぼ同等水準にまで低下。公共投資額では、九六年と二〇〇八年を比較すると、イギリスが約二・八倍、アメリカが約二倍、最も抑制的なドイツですらほぼ横ばいの中、わが国は前述の通り半減している。

なお、欧米諸国に比して地形が急峻で可住地面積が狭く、世界の主要地震の二割が集中し自然災害が多いというわが国の事情を勘案すると、こうした単純な国際比較の妥当性にも疑問は残る。

■老朽化する社会資本の維持管理問題

ところで最近注目を集めているのが、老朽化した社会資本の維持管理問題だ。建築物や橋梁等の耐用年数は長くておおむね五十年であり、高度経済成長期に大量に整備された社会資本が今まさにその耐用年数の限界を次々に迎えようとしている。

国土交通省の試算では、今の公共投資額が横ばいのまま従来どおりの維持管理・更新を続けた場合、二〇三七年に維持更新費が投資可能総額を上回る。しかし社会資本の新設を一切停止するわけにはいかないため、公共投資抑制を続ける限り、維持更新の破綻はもっと近い将来に訪れると思われる。

■現在の公共投資水準に本当に問題はないか？

公共投資の過度の抑制による橋梁等のインフラ崩壊を八〇年代にいち早く経験したアメリカでは、社会資本の危機についての認識が深まった。

オバマ大統領は今年一月の一般教書演説で、「壊れかけた道路や橋、エネルギー効率の悪い送電網、不完全なブロードバンドネットワーク」が中小企業の経済活動を抑制しているとして、大がかりなインフラ再構築の必要性を強く訴えている。

こうした世界の動向を鑑み、わが国においても、従来より指摘されている「優先すべき公共投資の厳格な選別」や「財政再建全体像への配慮」はもちろん踏まえたうえで、「選択と集中による施設の統廃合」「更新しない施設の選別」「廃棄までのライフサイクルコストの重視と長寿命化」「重複する機能共有による全体量削減」といった視点も加え、現在の公共投資水準に本当に問題がないか再検討してみる必要があろう。（吉村謙一）

てしまった。

◉市の役割と市民の役割、そして共通の役割と目的

全国の地方都市は、ほとんどすべて中心部が人が住めないゴーストタウンのように空洞化され

このようにしたのは、それぞれの自治体、直接的には都市計画課である。

そして、全国共通として、各県の住宅公社が地方都市に大型店を誘導するために、格安の住宅地を供給する名目で開発している。また結果として、その自治体の税収を減らす結果をもたらしている。まさに短絡化した思考である。

そして、この結果をすべて考えられなかったとしての事なのである。各県の実態は、例えば岩手県を見てみよう。

二〇〇九年の三月まで住宅公社が存在し、手持ちの土地がまだあるので住宅を造らないかと各市町村に働きかけていた。このやり方は、おおかたの各県の姿勢も共通である。

今から二十年ぐらい前に、当時の厚生省が各県各市町村の人口予想を発表していた。それには東京ほか特定の都市だけの増加しか予想していない。これをどの様に解釈するか、同時に年齢構成の予測もされていた。

今、人口減少都市の恐らく殆どの市町村では、老齢者の駅ターミナル周辺に住み替えているか、その希望者でいっぱいになっている。だんだん不自由になってくる肉体と運転の不正確な傾向は、自分自身が一番不安になって居るのではないか。

テレビ漬けになって、介護を待つことを想像すると、こんな恐ろしいことはないではないか。

このことのためにようやく造った家を買ってくれる人はないと放棄し、便利なところに引っ越す。そして今の内に旅行、ウインドショッピングに、病院に近いところに住み替えたい等の第一義の条件のために清水の舞台から飛び降りている現状を各自治体の担当者は考えては居まい。

大戦後、それ以前の仕組みから抜け出すには個々人の責任で、一番大切と考える人が行動を起こしたら良いとしてきた無責任な結果であろう。

町をどの様に作るかは、住民と自治体の総意である。それをグランドデザインとして周知徹底し、現在から未来に向かって町を想像し、創っていかなければならない。全国の町づくりはそこに住む人が、歴史と関係した町づくりとしてとらえなければおかしい。

今の状態は国の、もっと具体的に言えば当時の建設省の豊かな住宅環境作りのための指導の結果なのである。そのため、全国共通の町づくりの基準になっていることは、重大な事と認識することであろう。

これはかって、主食を米からパンに変えさせようとした一九四七年からの〝あの運動〟に匹敵する国民への背信行為そのものである。あの時も国民の為によかれと、アメリカの農業団体から補助金をもらい、パン食の普及に躍起になった。麦は米に勝る素晴らしい食品であるとしてで有ったが、その結果として、現在も日本の食料は外国に握られている。

つまり生殺与奪の権を握られているわけだ。特に今後を考えてみて、世界の食糧生産は枯渇に向かっている事を見れば住宅、道路、その他農地を少なくしていく政策は転換していかなければならない。

政策転換の際、どの方向に向かうことが人間らしい生涯を過ごせるだろうか。われわれは生きていく路程の中に現在と未来が有るが、幼児から少年、青年から壮年そして老年まで過ごす、それぞれの時の中で、いつも経済至上的な中に有るとすれば何のための人生であろうか。

したがって、より人間的な方向に皆で誘導していく仕組みを作り、それぞれの役割の中でそれを完遂していく。人間には健康寿命と不健康寿命が有ると世界保健機構が、それぞれの国のそれを統計で表している。これによるとイギリス人が日本人より不健康寿命が一年短いと言う。長生きが目的ではない、どれぐらい健康で過ごせるかが一番の問題で有る。

言い替えれば不健康寿命を如何に短くするかが皆の願いなのであり、それを基点に衣食住、精神性を満足させていくかが今の時代に問われている事であるとしたいものである。

終章　これからの日本と地方

◉大変身

パナソニック（松下電器産業）が、事業部制を廃止するという。かって松下幸之助氏の会社に勤めている社員のほとんどが、全員同じ屋根の下に入って仕事をすることを理想とした。共同の傘の下と言う意味である。

しかし、この方式では効率を主体にしている競争相手に負けてしまう危険が生じて来た。世界の製造業、或いはそれに関連する部門は、効率を上げて互している競争相手との戦いに挑み合う体質を作って居るのが現状である。この方式が尤も効率が良い方法だという。

外野から見ていると、勝っているように見える企業でも、スタートを少し早く切っている企業が有利さを保っているのが現状である。それは、また今有利であっても、瞬間風速的な事としてしか、お互い見ていないことも意味する。それもやがて日本及び日本の方式をそのまま受け継いだ体質を持っているアジア勢が勝ちをおさめるような気がする。なぜならば、良い物を作る、納期を守る、メンテナンスを確実にするというような事を目指している企業が残ると思われるからで、この頃多少日本の企業で怪しいところが見えるが、全体とすれば、そのような体質が、全体の流れの中で最小の在庫量と信用を確保できるからである。

例えば、日産自動車の最高責任者であるカルロス・ゴーン氏が素早く、その利点を取り入れたが、欧米型の企業は企業安泰の鉄則をライバル潰しに重きを置いていて、品質とバランスを重点の下位に持って来ている傾向があると、私は判断しているからその様に思うのかも知れない。

また、外国のそれも中東からヨーロッパにかけての国々は、宗教を見ていても、その様に結論をもって行かざるを得ないのだ。

地理学者、環境考古学者である安田嘉憲氏の分類、麦文化圏と米文化圏、育てる土地の違い、生活の仕方、自然に対する物の見方等があって、その結果として出来上がった宗教観が、一神教がすべてとする物の考え方と多神教を認め合う東洋の混在の文化圏がある。

今日の多様化を認め合う時代に、どの様な考え方が生き残れるかが、この考え方を左右すると思うけれど、基本に地球を大切にしなければ人類は滅びる構図の中では、どの考え方がよいのか迷う。

話を戻すと、経済至上主義、或いは効率至上主義が今や工業製品、農業製品、そして住環境等、またまた個人の生活まで侵害し始めてきた。拝金主義がその象徴的現象である。この中にシンドラーエレベータ社製のエレベーターによる事故が、日本だけでなく海外でも多発していたことが明らかになってきた。にもかかわらず、情報開示も、徹底的な原因究明もせず「当社の責任ではない」といわんばかりのコメントを出し逃げ回っている。欧米の大多数の会社がこのような逃げ方である。

日本の会社の物作りはまだ健全である。

例えば、開発の原点は丈夫で、小型で、便利に使える。万が一故障したときは、そのものが存在している限り面倒を見る。直近の事では暖房機の故障修理を三年近くもテレビで呼びかけている。それも製造中止してから十年以上経ているものに付いてである。もちろん今ではそれが宣伝方法の最先端になっているが……。

四十六億年前に地球が出来て以来、そして人類らしきものが出来てきたのが四百五十万年前。今は地球上の生物が滅んでしまうかも知れない現象。まさに元の無機質の地球になり、何億年か後、惑星の衝突があって消滅か、或いはアンドロメダ星雲と交差しながらの衝突そして消滅、無駄な抵抗かも知れないとあきらめるか。

明治維新のとき仏を廃し、釈迦を毀せとした政府のお達し。お雇い外国人たちが、フランシスコ・ザビエル以来、日本にキリスト教を広めることが隠された指令と言われている。しかし、今この国には目的の宗教は蔓延っては居ない。世界の中でも日本はキリスト教の布教失敗例と言われている。

音楽の世界でも、日本古来のものは俗曲といい、一段下という扱いであった。薩長連合政府は、何でもかんでも昔から有るものは否定すれば、世界に互していけると思ったのであろうか。もちろん肯定も否定もしないが、昔も今も外国勢は百年先の事を考えて行動してきたし、今も色々の事柄でそれは見聞できる。

例えば、アメリカは国の存亡をかけて自国の基準を押しつける作戦を練っているし、それを迎える我が国には政治家はいないし、官僚はその場限りの対策しか取れていない。

軍事力ではなく、今は政治・経済の先頭に立って覇権に専念している時代である。

例えば、隣の中国の覇権主義はこの頃、度を超している。中華思想は、自己を天下で唯一の最高の中心と考えるから、隣接する対等の国の存在を認めない。ここまでが中国だと自らを限定する国境や領土の観念をもつことは、「王化」の拡大する可能性を否定することになるからである。しかし、そうした国境や領土に関する観念のあいまいさが、近代以降になり、列強による中国領土・利権の分割を容易にさせたことは否定できない、と彼らは一方的に思っている。

したがって彼らは、日本は黙って中国についてくればよいのだと尊大に構えている。中華思想は地球上で一番優れた考え方で、だから儒教精神が生まれたのだと彼らは言う。

とうの昔に、生活規範とした儒教精神は廃れているのに夢見ているのだろう。

また、直近の情報としてアフリカ大陸の東にマダガスカルという世界で四番目に大きい島がある。「バオバブ」で有名な国で、ここに北海道より大きな面積の土地を、九十九年間の契約で韓国がマダガスカルの大統領と契約したが、島民の大反対により契約は取りやめ、大統領が辞任した。

韓国の契約者は、ここに大農場の建設を計画していた。これもやがて来る食糧危機に対応した資源の囲い込みだと識者から非難されている。中国と同じ発想だ。

儒教の国だと自負し、「孔子は韓国人だ」という国が、この体たらく。仏教から一気にキリスト教の信者が増えた国ならではであろう。つまり精神的根底は一神教になりやすい国柄で、基本はむさぼりの精神構造であろうか。また、南アフリカ連邦には二十万人の中国人が居て、この国の経済の中枢を握り資源の独占を計画しているという事実。

昔、ヒットラーが生存圏の概念を発表し、周辺国を併合しはじめたのが、かのレーベンスラウム領土拡張政策で、第二次大戦の始まりである。これは特別のことではなく、各国の領主はそれを実行するかしないかは別として、考えていたことであるという。特にそれは王侯貴族でもないハプスブルグ家のヨーロッパの席巻の仕方を見ていたからであろう。

いずれにしても、一神教圏、共産主義まで含めて根底に「むさぼる」という気持ちがあって今の住みにくい世の中にしている。何れこの「むさぼり」で地球が餓鬼地獄に染まっていくだろう。

【注】六道（りくどう、ろくどう）とは、仏教において迷いあるものが輪廻するという、六種類の迷いある世界のこと。

天道（てんどう、天上道、天界道とも）
人間道（にんげんどう）
修羅道（しゅらどう）
畜生道（ちくしょうどう）
餓鬼道（がきどう）
地獄道（じごくどう）

仏教では、輪廻を空間的事象、あるいは死後に趣（おもむ）く世界ではなく、心の状態として捉える。たとえば、天道界に趣けば、心の状態が天道のような状態にあり、地獄界に趣けば、心の状態が地獄のような状態である、と解釈される。

◉この自然が有って人間が生まれた

〝人間は万物の霊長だ〟という寝言はなぜ生まれたか。それ以前に、なぜその様に思ったのかを考えることは、今や地球をどの様な手筈で救うかという基本。

願わくば次の言葉の生き方を信奉したいと思う。

「人生とは人に助けられて楽しみ、その恩返して二度のたのしみ」に関わっていたいものだ。

地球上の先進国は一様に「万物の霊長」神話に毒されながら発展してきた。科学もその例にもれない。そして、その中で今の生活が保たれエンジョイしていることは事実である。そして、この歴史の積み上げも、明治政府が成立してから特段の加速が付いて居ることは明白である。

しかし、この考え方の基本を、それも世界中のあらゆる学会や、あらゆる生活において、変えて行くことは可能なことだろうか。

一つ言い得ることは、国によって抵抗の大きな所と小さな所があり、その中間にあらゆる国が入るだろう。つまり一様でないものとして、それぞれの国が対策を考えれば良いが、日本がどの様に変化するかは、世界中からの注目であることは言うまでもない。

しかし、この時は必須条件として「和魂洋才」を忘れてはなるまい。これを基本としての変革ならば受け入れることに抵抗はないが、今の政治家、財界の主なリーダーたちは日本を根底から無くして世界人になろうとしているように見える。

その考え方を変えなければ、早晩日本という国は消滅する運命をたどると思われる。その理由は資源がない、全人口が経済至上優先に陥っている、特に食料を外国に支配されている等、あまりにも独り立ちしていない国だからである。

そして極めつけは、良いことと悪いことが分かっていていても、その切り替えが出来ない国になっている事。それが絶望的な条件になっているからである。

あと一つ、何処かで人間が万物の霊長である事を引きずっている。

その例として、日本人は、生物を尊重する順位を頭脳の大きさで判断している。つまりこの場合は体の体積にと言うこと。動物と植物を比較した場合、まず動物、そして植物の順位。動物の場合、人間を頂点として、大型から中型へ、中型から小型へ、小型から魑魅魍魎までと順位をつけて敬った。植物の場合、まず大きくて古い木は神格化され、その次に人間にとって有用とするものが順位を並べる。

しかし、これらは近代ヨーロッパから一神教的な順位の配列を、特に明治維新になってから急速に順位付けをしたことに、全てリンクしている。

しかし、東南・西アジアの仏教を信じている国は異なる。例えば、釈迦が苦行を中止して、ネーランジャラで沐浴をした。そのとき村娘のスジャータが乳粥（牛乳でつくった粥）をささげた。釈迦はすでに黄金の光を放っており、スジャータは神への供物としてささげたと伝えられる。有名なくだりであるが日本では、仏に対して牛乳を捧げることはない。スリランカや東南アジアでは托鉢している僧侶の供物には肉、米などの区別はない。それは聖者に供物をささげるという善の行いが、輪廻の場の福徳につながるという観念に、動物・植物の区別はないからで、この考えは今でも普遍的なものとしている。「般若経」のなかに「一切衆生悉有仏性」という言葉があるという。

「一切衆生はことごとく仏性を有する」。

衆生、つまり人間以外の山川草木や動物など、全てにおいて仏性があるという考え方である。これは後に「山川草木悉皆成仏」という表現になった。

私は万物の霊長という思い上がった現代人、特に今の西欧の価値観は捨てるときがきたと思っている。今の「むさぼり」の地獄の餓鬼の様相の現代人は、滅びの方向を目指している状態から生きとし生けるものだけではなく、鉱物まで含んだ地球上の一切の物を愛しむ価値観にならなければ、私たちは救われないのだ。

ともだち

作詞：永六輔　作曲：いずみたく

君の目の前の　小さな草も
生きている　笑ってる　ホラ笑ってる
君の目の前の　小さな花も
生きている　泣いている　ホラ泣いている

君が遠く見る　あの雲も山も
生きている　歌ってる　ホラ歌ってる
ふまれても　折られても　雨風が吹き荒れても

君の目の前の　この僕の手に
君の手を重ねよう　ホラともだちだ
ホラ歌おうよ　ホラともだちだ　…………………

この詩は、西多賀養護学校の子供たちのために作られ、坂本九が歌った。

私は「山川草木悉皆成仏」の精神が歌い込まれているように思っている。文明の衰亡していく様はわれわれは沢山知っているが、今や地球を破壊するまで強大になっている。そして資源の奪い合いの序曲が大きな音を立てて聞こえ、見えはじめている。

その様な方向性から、米を主食にしている地帯は、主観的に森羅万象がものの考え方を基本としている。そんな人たちは現代にマッチしていると思っている。麦主食地帯は一つの神と人間が君臨し、その他は役に立つときは持ち上げ、その反対のときは足げにする生き方が主である。この生き方はまさに原始時代から進歩していない考え方と言わざるを得ない。

今、地球的に何が問題かを考えてみる。すると地球とそこに存在するあらゆるものを大切にすることが、人間に要求されている。このことが理解できなければ、今の恐怖に直面出来ないだろう。地球上の乾燥地帯と言われている所は、ほとんど人間が作った現象であることをまず理解し、これからしなければならないことを順序立てて修復しなければ、地球上の生物は皆滅んでいく運命だ。

歴史をどの様に理解し、学習していくかは本当の意味で大切であるし、その歴史の中に環境考古学を柱として学習していくことがわれわれを救う道である。特に昨今のボーリングで植物相を調べ、炭素年代測定で特定する新しい方法は信頼に値する。

そういう意味でのいわゆる歴史は、征服者の都合の良いものであるし、一面的なものである。言い換えれば私小説的な物としか言い様がない。

◉人間とコンピューターの役割

われわれは、人間とコンピューターの役割を混同しては居ないだろうか、と世界の現象を見ながら考えさせられる。言い換えると、人間は周囲の状況の情報を自ら選択し、問題を解決するための方法や手順（アルゴリズム）を日々学ぶ。

コンピューターは計算結果などの出力が目的である。手段と目的の順序が逆なのに、いつしか結果オーライという同じ事に向かって進んでいる。

つまり役割がごっちゃになっている。今の経済至上主義を実行するに当たって、特にこの傾向は強い。その為にコンピューターは人間の道具の筈だったのが、逆に人間がコンピューターの道具になっているのが、今日の現象と言わざるを得ない。

この様な社会の中にドップリ浸っていると、益々この区別が付かなくなってしまう。それでこの役割分担をハッキリさせるために、われわれ個々人が意識して家庭、地域社会それを取り巻くもの全てに対して人間性を復活させるプログラムを作成し、実行しなければならない時期に来ている。また、この現象を跳ね返すには国民、政府、地方自治体、各種団体は総力を挙げて役割を点検することが必要である。

世界中、平均的に富の分配が行使されていることはないが、それぞれの条件の中において、この事実を認識し是正をすること、自分とその周囲がコンピューター時代を人間の意識の中でコントロールする事。この事がますますITを推進する今の社会では重要なことと認識しなければならないだろう。道具（コンピューター）を使って、いろいろの情報を得ながら、各々の脳を活性化する。それによって直感力を養い、広範囲な状況と身近な状況を把握しながら、最終の結論を得る。

その様にして精査された情報とコンピューターから導かれた情報とを使い、より正確な判断をする。此の時、直観がより冴えてくる。これが役割分担である。

したがって、ややもすれば現代の結果（出力）重視だけをしやすい傾向を是正しなければ人間は、その内に必要のないものの中に入ってしまうし、地球の存続は危ういものになるだろう。

◉電線・電話線の埋設

毎年八月頃、新聞紙上にその年の電線・電話線の埋設許可が発表される。東北地建の許可の発表である。

東北の地方都市でも、近年は景観上も、町づくりの観点からも、最小の投資で出来るからであると聞いている。

岩手県だけを抽出してみても、市と名前が付いている所は導入が盛んである。国と県の補助がついて九〇％以上と聞いたことがあるし、残りは電力会社と電話会社が毎年使用料を払うものだそうである。

かって宮古市の中央通りの歩道を整備するときに、その事を市の建設課に申し入れた際、受益者負担が原則だからと断られた経緯があるが、盛岡、花巻、北上、一関の同業者に話したら大笑いされた。

その時は、既設の道路、歩道を民間団体が工事をすること自体が考えられないことだと言われた。ましてあの時は側溝の工事も一緒にやらされたことが商店街として遺憾であった。

現在で有れば大きな論争になっていたことだろう。今、町は不景気が甚だしい。景気は総合的な結果である。商店街のさびれ方、土木建築業界の活力のなさ、水産業界の不漁から来る不満、総て原因の半分は市民と行政と経済界の活力のなさに起因しているように思う。

なぜならば、それぞれの業界人の前向きの考え方よりも、全部人のせいにした考え方に原因があるからである。経済団体の指導者がなぜか病人であったり、赤字会社の責任者であったり、第一線から引いた人間であったりしているからである。そして一番の責任者は、その様な人を推薦した無責任者、会員である。もちろん引き受けた人間も、その程度の見識であることが問題だけれども……。

また、町づくりも全国的な傾向だったけれど、中心部を空《から》にしていく方式だった。宮古市で言えば昭和五十三年の人口がピークで、それ以降、減少を続け、その中で郊外の団地を増やし続けた。結果として、アメリカの圧力で大型店が立地しやすい条件の整備である。

しかし、その為に平成六年～九年の宮古市の統計では、六年が卸小売りと、観光での合計が千三百四十三億超の売上げが有ったものが、九年には千二百四十四億円超になっている。つまり九九・三％に減少している。働いていた人が二百三十九人減少した。宮古市としても税金が減ったはず。

また、宮古市が県内十三市の中で、生活扶助者が多くワーストワンになっている事実。この頃、ハローワークに行くと圧倒的にフリーター志望者の多いこと。これは市全体として考えたとき、働く意欲を阻害する要因である。ちなみに生活扶助者が少ない市は大船渡市である。その差が人口の〇・五％の違いである。

話を戻すと電線、電話の埋設を業者に出すときは、絶対にＪＶ方式で、前に宮古市内の業者を持ってきて、大手を後ろにするのが原則であろう。ＪＶ方式は名前が前にあるときと、後ろにあるときでは収入に雲泥の差がある。つまり取り分が違いすぎて益々宮古市の業者が疲弊していく。いくらでもお金が宮古市を環流するように配慮した方が良いのではと思う。

商店街の高層化がし易い状況を作ること、特に市営住宅の更新時期にきている事は大変に幸いである。ただただ人口が減っても住宅地を広げてきた従来の市営住宅を、このチャンスに宮古駅を中心に商店街の高層化を進め、老若男女共に歩いて通える範囲に住ませる方式が老人対策でもあるし、若者の娯楽まで含めた賑わいを取り戻すことになる。

そして、商店街も変わらなければならないし、これには今までの枠組みだけを考えないで、農林業、水産業まで巻き込み新しいタイプの商店街を造ることだ。それは今をどう見るかに関わることであるけれど、例えば商売的に言えば、お客様を大事にしない事が欠点である。

自分は、郊外に住宅を構えて八時間だけ働く様になっているから商店街は早く暗くなる原因を作っている。大型店はパート要員を組み合わせて十時間でも十一時間でも開けていられることは見逃している。

商店街として、大きな力の発揮とは、ほど遠くそれぞれが小さくまとまって個々の商店が勝手をし易いようにしている。この傾向はどの業界も大同小異であろうし、発展を阻害している要因の第一である。

◉私たちの求めるもの

私たちは日常生活において規範を、或いは命令を外に求めすぎては居ないだろうか。

国が、県が、自治体が、各種団体が指示してくれるものを、各人が求めすぎては居ないだろうか。現在の国内のこの様な状況が露呈している現象は、何もかも外に指示を待っている為に、指示する方は至れり尽くせりの手続きをし、規制をかけ、そのあげくは指示する側の都合の良い方法が取られるようになったのではと考えられる。丁度、権力者を民衆が作っていく構図に似ている。

世界一、識字率の高い国である日本が知識を詰め込みながら、応用が出来ない現実は、一人ひとりのものの考え方を改める必要があると思う。

江戸時代初期に武家諸法度を発表、実施させた当初は、それ以前の習慣と京都の文化が色濃くあったからうまく対応して居た武家、中期になると武家諸法度そのものが庶民にまで広がり常識になってしまった。その縛りが全体主義的な国民になっていった歴史であろう。上意下達の亡霊が物を考えない習慣を付けたとしたら。

もう一つ、心していかなければならないものに、競争至上主義からの脱出ではないだろうか。経済を戦争になぞらえるのは単なる言葉の遊びではない。貿易が、どの国にとっても逃れられない交渉であり、妥結を見ると双方傷ついた結果の妥協であり、その延長線上にどの国もさらされる。

長期にわたって安定した商売を続け様とするならば、この現象から逃れられない事である。だからこのなりふり構わぬ競争の連続の中に立つとき、どの様な美意識で有らねばならないかは、根底に「ノーブレス・オブリージュ」の意志があって話し合いがあるべきである。

一方、国際化出来ない部署は、各県ごとに決めさせて国はそれを犯さない仕組みを作るべきである。と同時に自尊の心について常に勉強し、向上に心しなければならないだろう。人間は対等とし、役割には上下有ると心しよう。また一つ所にとどまらず、改革、改良を心掛け、行動は伝統を重んじ、習得と想像を繰り返す日常でありたい。そして大きな責任を持たせられている交渉人たちの根底には、お互いに良き教養人があたっていくことが最低の条件である。教養人とは、知識の多少ではなく努力の的を自分にすえられる人を言うのであって、すごい知識が詰まった人は指さない。

福田和也氏の論文『なぜ日本人はかくも幼稚になったのか』に「幼稚な人間とはＩＱが低い、あまりものを知らない、といった人間のことではない。何が肝腎かということがわからず、肝腎なことについて考えようとしない人間のことだ」と記している。今の日本人を的確に現していると思う。

この場合、知識偏重の流れではなく世の中全体の中と、よき時代の体験も加味して、意識を改めることが現状を打破する事が出来る。一つの流れを変えると言うことは、新しい流れを作ることより大きな力が必要だと認識をしよう。

われわれには、現状を維持したいとする心と、変えたい革新したいとする心が表裏の状態で、誰にでもある。その心を革新の方向にシフトしてやらなければならない時だし、特に今の時代を考えるとより大切な視点ではないのかと思うのである。

その時に大事なことは、自分の認識の中に普遍的なもの、自分を大事にするために高い倫理性を持つ、高い利益を追求し永続させるために自分の魅力を磨かなければならない。

そして、社会の秩序が保たれるには、道義心がなければならない。もし法律に道義心を保つことが定義されていたとしたら、現在の政治家を含めて国民のリーダーと言われる人は、まさに無責任と言わざるを得ない。そもそも、そういう人は法律の網の目をくぐり、自分の都合を優先する人たちである。法律は道義心があって、その上に守るべきものだからである。初めから法律の

料金受取人払郵便

大阪北局
承　認
1017

差出有効期間
平成30年5月
9日まで
（切手不要）

郵便はがき

553-8790

018

大阪市福島区海老江5-2-7-402

㈱風詠社

愛読者カード係 行

ふりがな お名前			明治　大正 昭和　平成　年生　歳	
ふりがな ご住所	□□□-□□□□		性別 男・女	
お電話 番　号		ご職業		
E-mail				
書　名				
お買上 書　店	都道府県　市区郡	書店名	書店	
		ご購入日	年　月　日	

本書をお買い求めになった動機は？
1. 書店店頭で見て　2. インターネット書店で見て
3. 知人にすすめられて　4. ホームページを見て
5. 広告、記事（新聞、雑誌、ポスター等）を見て（新聞、雑誌名　）

風詠社の本をお買い求めいただき誠にありがとうございます。
この愛読者カードは小社出版の企画等に役立たせていただきます。

本書についてのご意見、ご感想をお聞かせください。 ①内容について
②カバー、タイトル、帯について
弊社、及び弊社刊行物に対するご意見、ご感想をお聞かせください。
最近読んでおもしろかった本やこれから読んでみたい本をお教えください。

ご購読雑誌（複数可）	ご購読新聞
	新聞

ご協力ありがとうございました。

※お客様の個人情報は、小社からの連絡のみに使用します。社外に提供することは一切ありません。

網の目は荒いのである。

道義心の目はくぐれないから、昔から日常を安心して暮らせるようになるのである。今の日本は、この道義心より法律の目を気にする。いかに合法的に法律を利用するか、いかに法律を味方にして、誤魔化すかと毎日考えている人たちが日本に蔓延っている。この傾向を断ち切るには道義心を養う教育が中心になければならない。

また、それを教えるのは家庭生活で、ここから生まれるものだ。それはそれぞれの親が実践と体験の中から学ぶのだ。この経験則が反映する。そして、その時自分の周囲の人々とのコミュニケーションがまた重要になる。その他には本などから学び歴史からの学びが最大になる図式が素晴らしい。なぜならそれぞれの国の成り立ってきた歴史が、その国の気候風土を土台とした民族固有の特徴を醸し出す。これが素晴らしい特徴で、それを理解しないで世界人になることのみに関心を寄せていては、国のリーダーでもなんでもない。それは日本国内の各地でも同じである。

それぞれの特徴、地方色、極端に言えば方言を大切にすることが特有の地方色の表し方の最たるものではないか。

私は方言は、その土地に暮らしてきた、その土地の土壌と地形と気候と人情と習慣が、こまやかに解け合って醸し出されたトーンが混じり合って表現されたものだと解釈している。

したがって、今全国で使っている共通語は、これらの特徴を全て抜き去った変哲もない言葉だと思っている。そして、この共通語が日本人を特徴のない人間に仕立て、その内に日本人が国際人だと思い上がった人種になれば、二百カ国前後ある国々から冷笑される人種になってしまうだろう。なぜなら特徴のない人間は、注目される、頼りにされる、信頼される人間から、最も遠いところに存在する人間だからである。

私の考えでは、こんな人間は何時の場合でも、道義から外れた人間だと思っている。仲間にしたくない人間の最たるものと思っている。

では道義とは、道義の根本は、人の悲しみが解ると言うことに尽きる。これがセンスだといえる。そしてこの道義のセンスの中で、正義的道義が一位なのではと識者は言う。それは自分を守るために奉仕をすることと全部繋がっていることだとする哲学に近づく。

外国人が日本人を指して言う指摘の中に、今の日本は社会主義の国だという。これは取りも直さず破滅に向かっているということと同意語である。現状維持と同じ、或いは保守的で進歩は考えられないと言うことだ。だが進歩とは破滅に向かっていく意味もあるので、刻々と変化していく自分の周囲に対応していく順応性を指していると言い換えよう。

なぜ、この様な国民になっていったかというと、その原因は江戸時代にさかのぼらなければならない。われわれの智慧は固定したしきたり、固定した対応、固定した社会の中にあるのではない。時々刻々の変化の中と、その時々の反応が、知恵の使い方と相まって個々人の反応の表し方を指す。したがって能力いっぱいの対応が智慧の出る幕であるし、知恵を伸ばす作用でもある。

江戸時代の武家御法度が出てから智慧を使う場所が、小さな事柄にシフトした使われ方をしたと私は考える。ただそれはそれとして文化の発達に関連するので大切なことであるが、全てのことに対して智慧を出さないと無責任な所業と単純なミスが出現する。つまり今の日本のこの状態になってしまうのだ。

◉事後処理の国、日本

社会主義の国、日本。官僚に頼り切っている国、日本。事後処理の国、日本。これで良いわけはない国、日本。世界で一番遅れて歩く国、日本。よその国で実験した事柄を追いかけるふりをして問題が起きてからあわてる国、日本。過去に偶然一番前に出た時あわてて二番に成るにはどうすれば良いかと考えた国、日本。

これらは、われわれ国民の前に晒してきた日本という国の全てである。これを象徴的にあらわした事象があった。事業仕分けの中で、コンピューターの開発にかける費用を削ろうと「なぜ一番でなければならないのか、二番ではだめなのか」といった時に、この国の置かれている状況、資源もなく特に向上心をも萎えるような、平均化が目的なのかと思わせる社会現象。戦後目指してきた社会主義的な権利意識だけの向上、義務感の喪失等々。夫婦別姓を何とか国策として取り上げようとする政党があり、その延長線上には全ての国民の面倒を見ることが国としての義務と考えている大きな集団、そして究極は国を否定し、地球全体が一つの国ということを理想としている一握りの理想主義者が浮かんでくるようだ。この人たちは、世界中の国々の人たち皆、欲はなく純朴で人を傷つけることのない純粋な人で構成されていると考えているようである。

人が三人以上集まると、特殊な人を除いて必ずそこにリード役が必要だ。善意の人々が集まっている場合という条件が付くけれど。

現実、例えば官僚という職業を見ても、国民のために働いているというよりも自益、省益等関係するところがよかれと言う意識が働いているように見えるが皆はどうだろう。

小泉内閣の時も、今回の野田内閣（執筆当時）も、世界の趨勢に乗り遅れては輸出産業がだめになると、その流れに乗ったし、再び乗ろうとしている。

世界経済に関係する人たちは、この一億七千五百万人の内の数%の人たちだ。資源小国の国は原料を外国に依存するには資金が必要なことは誰しも分かっている。例えば、暖房用の燃料、自動車の燃料が先進国の中でなぜこんなに高いのか。先進国の中で、物価が高い日本の国が特殊だということは、経済の仕組みがゆがんでいて、そのしわ寄せが国民に及ぼしていることを、なぜ是正しないのか。

何よりも県の権限が、なぜ国の下になっているのか。少なくてもその地域の事情を把握している県の権限が国の下でなければならないのか。

特にグローバリズムが地球経済の趨勢であればあるほど、その中で県民の事情を熟知している県の権限が弱くては、県民が難民化してしまう。或いは生活保護を受ける状態になってしまう。そして大国のエゴとＩＭＦ、世界銀行の偽善に国が、国の独立がおかされてしまう。

ノーベル賞を受けた経済学者のジョセフ・Ｅ・スティグリッツが偽善を告発しているではないか。姿を変えた「植民地」を作っていると。

人間に、それぞれ個性があるようにその集団が一つの文化を作り、特色ある集落が存在し、一つの文化圏が出来、それらの大きな集団が国であって、その中にそれぞれの文明圏がある。ここに人間としてのやすらぎがいつも存在する。ここに精神の安定があると思うのだが。その一方に経済としても成り立ってきた経緯があった。しかし、この方向には二面性があり、それを考え方に取り入れなければ経済の奴隷になってしまう。

今のやり方の行き着く先は、ロボットの国を目指しているのだろうか。その結果、人間としてのプライドも最大公約数として埋没させる、肉親としての情愛もこの時、これには存在しないか小さくなる。

この事は、一方では人間の結びつきを破壊する行為である。なぜならば、民主主義の先進国を自負しているアメリカでは一五％の富裕層が、富の一七％を握り、国内経済はおろか世界をコントロールするべく動いている。

何もアメリカだけではない。世界の富裕層の欲望は限りが無く、暴走している。昔はそれを防ぐ方法があった。暴動である。それを防ぐために民主主義を浸透させた。そして民衆のガス抜きをしている。

例えば、農業を見てみよう。アメリカでは肉牛の飼育は従来は放牧というやり方で経営してきた。ところが燃料が逼迫してきたら遺伝子組み換えのトウモロコシを作り始めた。糖分の多い品種である。

それでアルコールを造り、燃料にも。かたやその糖分で砂糖を作り菓子の材料にする、そのカスから牛の飼料を作る。ところがここで問題が出て来た。それは偶蹄類は反芻（はんすう）動物で粗食、繊維が多い草を主食としている。

しかし、牛の胃袋は「複胃」といい、四つの胃から成り立っている。第一～第四の胃まであり、そのうち人間の胃と同じような役割をしているのは第四胃のみ。第一～三胃は、一度食べた草を反芻するための機能となっている。ちなみに、一番大きな胃（第一胃）の容積は約一〇〇リットル……ちょっとした貯蔵庫といっても過言ではない。この中にいる微生物が分解した草の成分は、牛の大切な栄養源となっている。

今アメリカは、生物の仕組みさえも変えようとしている。自然への冒涜である。しかし、彼等は放牧地も全て畑に変えてそれを進めている。惨めなのは牛であるし、その肉を食う人間であろう。もう少し詳しく言えばトウモロコシのこまかなカスは、栄養はあるけれども反芻する動物には適当ではない。四つの胃袋の役割は変調を来す。二年以上この飼料で飼うと胃袋に穴が開く。つまり胃潰瘍になると言う。

その解決のために、牛の腹に穴を開け、その様子を観察して次の手を打とうとしているが、この牛は脂が異常に多い。これを繁殖牛のパサパサした肉に混ぜて、主にハンバーグ用に加工して売っている。アメリカ人の肥満と胃潰瘍の増加は、このことが原因と、英ＢＢＣテレビが伝えていた。

ところが富裕層は、昔ながらの、放牧で飼育された肉を食っている。この考え方を世界中に広げて、これから現実になろうとしている食糧難の世界をコントロールしようとしている。つまり富裕層は自分たちの生き残りだけを考えている事は、この事を見ても証明される。

生物の全般的な発達は、全てその時の自然に適応して進化してきた。その時の基本的な特性の中で、それぞれの範囲の中で、進化して今がある。

　これを学問で説明すれば、ＤＮＡとＲＮＡの特徴は分かりやすい。それを雑ぱくに言えば、この二つは共に自分を転写して遺伝していく。ＤＮＡは二重構造で保守的だし、ＲＮＡは一重構造で変化しやすい。このお陰で急激に環境が変化するとき死滅した生物と、生き残った生物が居て現在を構成している。

　しかし、一応、高等動物に属しているものは、今の構造になるために色々な生物を取り込んで、この肉体を構成させている。

　例えば、ミトコンドリアがそれである。このような複雑なものが多く含まれていると急激な変化に追いつけない。つまり下等生物ほど多様に変化が出来るが、体を構成する色々な要素が多く含まれてくると変化するときにも時間がかかる。

　生物の一員である人間もこの発達、進化、変化の仕方は生物である以上、この仕組みから離れたら生物を止める覚悟が必要であろう。


【注】ミトコンドリアの主要な機能は脂肪酸のβ酸化や、電子伝達系による酸化的リン酸化によるエネルギー生産である。酸素とは元来、原生生物にとって毒となるものであったが、ミトコンドリアの機能により、酸素から運動エネルギーを獲得できるようになった。細胞のさまざまな活動に必要なエネルギーのほとんどは、直接、あるいは間接的にミトコンドリアから、ＡＴＰの形で供給される。

ＡＴＰとは何か。生物は、車輪のような動きが出来ない。自然界に車輪は存在し得ない。車のように車輪で移動できない。なぜなら、神経と血管がつながっている限り、同じ方向に回転しつづけることはできないからだ。ところが、筋肉のなかのＡＴＰは百万分の一ミリの車輪である、と物の本にある。

◉官僚王国

官僚は自分の都合で、或いは自分の課の都合で巧妙に解釈を変更することが数多くある。

特に高級官僚は、ムラを形成し、先輩後輩が連携して次の仕事先の利便を考えている。この体質の根本原因は、仕事に対して公僕としての心構えの基本が、自分という個人を大切にしているからだ。

先頃、警察庁、警視庁の官僚が定年になった途端に、捜査の手の内を暴露した。その任にあるときは部下に、絶対に手の内を漏らすなと徹底的に指導していながら、一線を退いてから作家気取りに手口を漏らし、かつての部下たちの不評を買っている。

公の仕事を私物化し、理由を付けて解釈を変える。それは第二の職場にどの様に貢献するかと、かつての後輩たちに知恵を求める。この方式を何年も続けたから、今の日本が官僚大国と言われる所以である。

三者鼎立の語源はもともと王と、官僚と、民衆が協力することがその国を安定させ、三者共に安心社会を構築することで、この考えを大切にした。

それを象徴的に、後世に伝える役割を、当時の最新技術で作った鍋の足に表現をした。青銅は最先端の金属で、盾も矛も鏃もこの金属で作ったし、何よりも王権の継承の神器として尊ばれたという。その鍋の足の数が三つなのだ。今、日本の誰が権力を握っているか。官僚と政治家とは同じ釜の飯を食った中で、それに大企業に天下った官僚とは、一つの勢力と見るべきで、今の日本の社会はその構図にはまっている。

この一大勢力が、この国の将来の発展を阻害している。国民の大多数が阻害され、均衡有る発展が妨げられている。

この現象が今の日本である。これは民衆全体が、発展する世の中に存在することが最低条件であるからである。

国民の要望と世界の潮流を読み、政治家が国の行くべき道を整え、官僚に法律との整合性をチェック・立案させ、それを実態にする。計画した者と実行する者が同じ流れの中で出来て行く。これが大きな問題なのだ。国民はこの仕組みの中で無視されているか、または軽視されている現状だ。

国民は目先の現象に惑わされやすいが、この国は国民の財産であり、政治家、官僚に無条件に委任している訳ではない。

また同時に国会議員には、国土の均衡有る発展を遂行する任を付与もしている。したがって人口の多い少ないだけで議員定数を違憲だとか合憲だとか、法律論をいたずらに狭い判断で論じることに違和感を覚える。国土の端から端まで日本なのだという視点で物を考え、経済・人口の密集地だけが、日本国なのだという変質的な考えで論じている現在の現象には、納得できない。

また、この国の制度も偏りが激しい。例えば建築基準法を見ても、この偏りが見て取れる。

したがって、心が伝わって行くとは、同じ釜の飯を食った者たちである。これを中小の業者が、細かい条件の中での実現はリスクがありすぎる。チョット大きい建物を造るには、まず市の建築主事に、設計図を提出。許可するけれど、これを県のその係に市を通じて申請する。県からのチェックと手直しがあって、そこまで、完成したものを県を通じて国に申請するという。表向きは、建築基準法がキチッと守られているかとチェックするが、ここまでに至る道程を見ればもともと、市にも県にもその係が必要だろうかと疑問を感じるし、係の総トータルの人数と時間が事を複雑にし、ムダであろう。

四十数年前に建築の許認可を市に移したのは、なんの意味があるのか。全国で見ればそれに携わる職員の数が、とんでもない数になるだろう。そして、このやり方にはもっと奥があって、中小の業者は、設計を大手に依頼して、大きな金額を支払うのに対し、大きな建設会社はこれが自前で出来る。

結果として中小の建設会社は、設計の外注費を入札に加算するから負けるという図式である。誠に巧妙なやり方を高級官僚の先輩後輩たちは作り上げたと言わざるを得ない。事程左様に仕組まれている。何れも現行法律には違反しない。これが官僚王国に実体の一部分だと言わざるを得ない。

これらの現象を俯瞰をした時に、正に巧妙である。当事者が全ての責任を取らないようなシステムにする。先送りしても遡っての責任を取らなくて良い制度のために、この様な結果が有る。

また、社会現象として新しい事柄に手を付けることに臆病になる、と同時に官僚の都合の良い規制をかけ、社会のシステムを固定化させてしまう。その結果、象徴として今盛んに言われている道路行政、郵政を始めとして公社公団が出現した。国民がどうなろうとも官僚、とりわけ高級官僚の将来がバラ色で有ればそれを優先してきた。

そして結果として、この対応方法で行けばこれからも、より多くの公社公団が出現していくだろう。五五年体制からずっとこの繰り返しである。

五五年体制とは自民党と社会党との対立という仕組みの中で、表面的にはそうであっても裏で、ただ単に妥協の連続でこの国を支配してきた。この結果、他の国から指摘されるように社会主義の国のようだといわれる所以が生まれたのだ。

ソビエト連邦が何故瓦解したかというと、共産党の幹部たちが自分のために国を食い物にした結果だった。どんな理想を語ってもツァーリの時代と同じ様に、支配するものと支配されるものが個人の能力に関係なく変わらない図式になった。

レーニン、それ以降の指導者はツァーリにとって替わっただけなのが、官僚をはびこらせたし、時間を経て官僚王国になったのであった。この轍を日本が踏襲したから今が有るのだ。

現在の国会議員の前歴を見ると、ほとんどが官僚出身であるし、この条件から誰が考えても官僚の都合がよい構造を現出させた。悪いことにこの仕組みを利用して悪徳政治家が自分の権力強化と利権あさりをし、その結果国民は不自由な生活を強いられているのが現況である。

最初、政治家は官僚何するものぞとなめてかかり、ひさしを貸したつもりだったが、今は官僚に母屋を取られ手足を縛られている姿が出現している。だが未だ政治家が官僚の性質を知らないので、安閑としている様に見えるが、福田赳夫が首相の頃から、その兆候が現れていた。国民にはそれが見えて、いらいらが票に現れ、選挙の時には無投票という消極的な抵抗をしていた。

何よりも国を繁盛させるために、民衆と官僚とその時々の内閣が国を経営するのが良しとされ、このバランスが絶妙であれば、国が繁盛するはずが、官僚があらゆる面に蔓延り自分たちの都合のよい仕組みに変えた。これが今の日本という国の姿になっている。あらゆる大企業に天下り、自分とその企業のために国の富を流れ込む仕組みを作り、我が世の春を決め込んでいる。この仕組みの恩恵を受けない者は、一部の国民と彼等との距離を置いている中小企業である。それも商業は、多くの国民が働いて居るのに富は年々縮小している。そして、そのあげく各自治体が大企業の末端のコンビニを利用して税金徴収まで委託している。

市町村の図書館は、大手のソフト屋やCD屋に経営させようとしている。それぞれの地区の本屋はますます廃業に追い込まれている。この方式が小泉内閣のときから拍車がかかって、地方の商人を追い詰めているし、あの時二回の大店法の改正で無制限に大型店が進出しやすく画策された。

この仕組みの裏に、生活保護家庭の予備軍を作った。つまりは三者鼎立ではなく一者鼎立を作り、この国を根底から破壊しようとしている。いやほとんど破壊されている。

歴史の中で国が破壊される国難は沢山見てきた。その惨めさも記録されている。それでもその時々のそこに誘導した人間たちが、先に立って動き出す姿も相変わらずである。

政治家も、商人も、百姓も、もの作りする職人も、今の日本において国民の動向を無視しては成り立たない。

一方で選挙の時に投票したくなければ、しなくても良いというシステムを取り入れている。民主的に見えるけれど、今の形のままでは国民に国の将来を考えさせる事にはならない。そして組織のある団体に左右されることになる。高い投票率を達成することができ、多数者による統治という民主主義の原則を確実に実現できる。

選挙には、様々な事情で出向けない人を除いて投票させなければならない。なぜなら、その社会をどの様に望むかを、それぞれの人が投票し、権利を行使すべき事であるからだ。三〇％くらいの投票率で選ばれた事にはならないのではと考える。

したがって投票しない人には税率を高くして、投票した人に感謝すべき事ではないだろうか。或いは公権利を剥奪する事も一方法かもしれない。

投票率の高い選挙により成立した政府は、より高いレベルの民主的正統性を持つ。選挙における投票は、国民の権利であるばかりでなく義務でもあり、義務投票制は国民がこの義務を果たすことを前提とする。

これは物理的・精神的投票動員の必要がなくなるので、比較的、お金のかからない選挙が実現できる。政治的無関心層も投票することになるので、彼らも政治にある程度の関心と知識とを持つようになるはずであり、彼らの市民としての資質向上（公民教育効果）が期待できる。

政治に関心のない者も投票しなければならないとなれば、彼らの多くは支持政党を持つようになるはずである。ほとんどの国民が既に支持政党を持っている状況の下では、一時的に社会経済的危機が発生しても、極端な主張が急激に支持を集めて独裁者（または独裁政党）が台頭する可能性は低くなる。

よく国民投票をということが言われているが、基本として今のグウタラをシャッキッとさせるとは思われない。

オーストラリアでは、正当な理由がなく投票しなかった場合、罰金は当然、その行為を続けていると公民権も無くなるという。わが国においては極端な民主主義、極端な個人主義を特に助長するために、そして法律の専門家たちが異論を唱え、世界皆平等と極端な文言を羅列して国の特色を無くすために動いている。

一歩譲って、その結果生ずる事には、顔を背けて主張する。世の中は大きな流れの中に存在していて個々をかき回しても変わらない。全体が少しづつしか変わらない。

方向性を示して、皆に根気よく計る事の繰り返しが良いのではと思う。また自分の主張で色々な弊害が生じた場合は、必ず責任を持つ事がセットであると認識すべきだ。

例えば、弁護士が被告を弁護する事は仕事であるが、再犯者が全体の犯罪の大きな比重を示している事をもっと責任を持って反省するべきではなかろうか。

そんな事は我感ぜずの態度は、無責任の誹りを免れまい。法律的にどの様な取り決めがあっても、人間として責任を感ずるべき事柄であろう。

色々な、現在だけてではなく将来誰でも老人なる事を考えれば自分の意見を具現化する機会を多く持つことは良いことと思う。そして、その基本が独立自尊でなければならない。

だが、しかし今の政治家は、それを判ろうとはしない。むしろ組織票に不利だろうと放って置いた。その結果、国民の不満が爆発し、小泉現象が現れた。

未だに、この底流を理解しない政治家がいる。こんな事をどう捉えるかは、次の言葉を翫味してみるがいい。

アリストテレスは、著書『政治学』において、民意を最優先させた場合の民主政治を、僭主政治（正当な手続きを経ずに君主の座についた者による政治）に近い最悪な者と規定した。民主主義の行き過ぎと余り違わないのではと感じる。

予算獲得をするには官僚組織を利用するのが一番と考えている。これがまた国が変化が出来ない理由だ。

もう一度、ソビエト連邦が崩壊したことを考えてみよう。シリル・パーキンソン博士の学説のとおり、国民が居なくなっても官僚は増えるとした学説の正しさが証明された不幸なソ連邦、但し、この国のこの頃を見ているとプーチン、メドベージェフの指導で日本よりはダイナミックに変わろうとしているが、本質は独裁者の一面が見え始めている。今までの中東・アフリカの独裁者とどの程度の距離感が見えるか……。

もう一つ、パーキンソンの法則は第一法則に仕事の量は、完成のために与えられた時間を全て満たすまで膨張する。第二法則では支出の額は、収入の額に達するまで膨張するそして、このような結果は、

(一)　役人はライバルではなく部下が増えることを望む

(二)　役人は相互に仕事を作りあうという二つの要因によってもたらされる

以上の二つからなっている。そして切羽詰まるまで、楽な方、楽な方に身を委ねてしまう人間の弱さを、見事に言い当てた法則だと思う。私はこれから縮小していく市町村が識者によって予

想されているなかでも、減少率と同じように役人が減ってくれるだろうか監視していかなければならない。

日本が今までの無責任、或いはこの国がどの方向に行こうと関係がないとする指導者がどの様に替わっていくのか、よくよく見定めたいものだ。

そして今日本は、何よりもこの滅びのシステムを変えるために国民がもっと声を大にして主張して改革を迫っていく事だ。

この時、日本をどの方向・世界の経済の方向と国内を活躍の場にしている企業とは、仕組み方が全然違うということと国と国力を安定していく事が絶対条件なので仕組み上、分離することだ。アメリカの共和党あたりは、世界一円の仕組みが望みかもしれないが、アメリカ自体がその様になっていない事実は理解しておかなければならない。

藤原正彦氏は『この国のけじめ』で、次のように述べている。

「騎士道がキリスト教の影響を受けて深みを得たように、単なる戦闘の掟だった武士道にもさまざまな『霊的素材』が注入されたと新渡戸は言う。

まず仏教なかでも禅が『運命を任すという平静な感覚』と『生を賤しみ死を親しむ心』を武士道に与えた。そして主君に対する忠誠先祖に対する尊敬、親に対する孝行という他の宗教では教えられない美徳が神道からもたらされた。さらに孔子と孟子の教えが君臣、父子、夫婦、長幼ならびに朋友の間の五倫の道、また為政者の民に対する仁慈を加えた。

こう書くと外国のものが多い様だが禅にしても孔孟の教えにしても中国ではごく一部の階層に

しか広まなかった。これらの思想は日本人が何千年も前から土着的に持っていた『日本的霊性』とぴったりと合致していたから武士の間に瞬く間に浸透したのである。

江戸時代になると実際の戦闘はなくなった。それとともに武士というエリート階級の行動指針であった武士道は物語や芝居を通して次第に庶民にまで行き渡り戦いの掟から精神へと昇華し、日本人全体の道徳的基準となった。また江戸時代は庶民も読み書きそろばんから恵まれた階層では論語・朱子学等を教えていたという。日本人の基本的な学びの特性がここにも出ていたのかもしれない。武士道精神はこうして『遂に島帝国の民族精神を表現するに至った』のだ。」と記している。

日本人が何事も一つの流行であろうが、武芸、演芸、趣味等を一つの道まで高めて行く「宝もの」を持った民族なのかもしれない。単なる一つの技術でも「なになに道」まで持って行くのが得意な民族なのだ。

この特性が現代の中でも、将来どんな世の中になろうとも失ってはならないものと日本人は持っていなければならない。

かって、ジョン・F・ケネディが大統領の就任挨拶で、「国に何かを求めるのではなく、貴方がたが国になにが出来るか」と問うた。またロバート・F・ケネディ・ジュニアは「地球は祖先から受け継いだものではなく、未来の人たちから預かっているものだ」と言っている。共に明日の未来に向かって、今われわれに何が出来るかと国民に問うているのだ。

悔しいけれど、この様な見解は、今日の日本人には垣間見えない。振り返って前述の言葉を思い出してみよう。

われわれは官僚を前面に出し、官僚の思考に同調すること等の態度は、無責任な態度と言うしかない。昔は上に立つ者の心得が総意としてあったが、戦後この基本は徹底的に破壊された。

占領政策で、精神的なものより実際が伴う事にだけ関心が行くように仕向けられた。

今、これから日本人の寄って立つ精神的なものの構築をする。誠実、慈愛、惻隠、忍耐、礼節、名誉、孝行、公の精神などを重んじ、卑怯を憎む精神等を構築できるまでは、一つひとつを検証し目先の事象の予想と、将来的にも良いと予想出来ることにだけに同意する、という国民性を取り戻すときであろう。

しかし、今われわれを取り巻く環境は、その逆を目指し、国がわれわれに何をしてくれるかと待っている状態まで貶めた。

この時、次の言葉は私たちを救う。

安岡正篤氏は、人間の基本は、活力、気迫、生命力であり、不変の真理を人間の品格を涵養する徳におき、人徳のない人間の行動は、必ず破滅すると説いている。

◉今の選挙制度で地方は荒廃する

人の数だけで、議員定数を決めている現代の制度は、国の均衡有る発展にはつながらない。

今の国としての境は、人口に比例して決まっているわけではない。武力か、政治力かで国境は決まっている。住んでいる住民に関係なくほとんどは武力か権力で決まったものだ。したがって、住民のその時々の生活には恩恵がない場合が多く存在する。心情的には余裕をもたらす効果だけが時限を限ってみれば目につく。

資源を最大限に利用することからは、欲だけの匂いがする。一方、国の役割から見れば、国土の有効活用を促進しなければ、人類の資産は地球全体から見て、その国の怠慢、驕りとしか見られないのではないのではないか。

地球全体の人口が増加する未来を考えてみると、この狭い資源の利用が出来ない多くの国土を支配する国は、次世代には批判の対象になるのではと考えられる。人間至上主義的なものの見方では国を滅ぼしてしまう。

したがって、今の日本の制度は、人ありて自然なしの状況である。国の管理を任されることは、そんな浅い意味のとらえ方では自分の狭い庭ぐらいしか管理できない。国土は人が住んでいる範囲しか考えられないならば、その時々の価値観の変化には応じきれないだろう。

大きな意味での国の管理は、国土全般の管理で、それぞれの土地の特性を知り、自然と折り合いながら管理する能力がなければならない。

それには、いろいろな意味合いの条件を、その時々に対応する能力が問われる。そしてそれを国民に知らしめる能力があり、国政に生かしていく立場を持たせる。

つまり国会の議員の資格があるべきだろう。

昨今、異常なくらいに都市化を煽っていて、人が住んでいなければほおっておく、他国の人が勝手に取得してコントロールしない仕組みを即急に作り、人間至上主義的なものの考え方を払拭するときだろう。

これから大きな問題は、人の移動で過疎化された土地は、人口密集地の国からいろいろと干渉を受ける。当然のことであり、ますます過激になって来るだろうと予測できる。

二百を越す国々から見ると、当然攻撃の対象になるだろう。今でも老人が多くなり生産性が低くなるので、外国から労働者を連れてくるのが手っ取り早いと考える国会議員、有識者がいる。

そして、また定住している外国人の全てに選挙権を与えよという党もある。しかし、考えてもみたらいい。国の秩序を乱して、それが民主主義だという無責任なものの言い方をする人間には、自分の生活の中に想定させなければ、きりがない。

それよりも、まだ働ける人間に働いて賃金を得るよりも金を使えという輩がいる。老いを知らなすぎる。生きている人間は、ピンピンコロリが理想だと私は思っている。仕事ってやはり楽しい。仕事をする喜びを理解できない人間は本気で仕事をしたことがない人間だと思う。

田舎に住んでいると、空飛ぶ鳥を見ていて、直前まで飛んでいた鳥が突然落ちてくることが、ぶつかることがまれにある。触ってみると死んでいる。死とはこのようなものが理想だと思っている。

人間は特別な存在ではない。思い上がるのはいい加減にしてもらいたい。

また、国会議員の中には、相当適当な者がいるらしくて、ギャンブルを正当化しようという者がいる。おそらくその次は、麻薬を認めよ、というに違いない。国が秩序をなくしたらどのようになるか、歴史を見てみるべきだろう。

それより、どのような事態になっても生きるすべを生活の中に取り入れ、考えをこれからどうするか、目の前にある条件の中から組み立てる訓練をする時ではないだろうか。資源小国である我が国の国民は、その時になって、改めてオロオロするのではないかと想像できる。つまりもったいない資源の活用を訓練するべきだろう。

改めてこの観点から、国土の有効活用を専門に考える議員を過疎地から選び、配置をして、その意見を国会に反映させなければならない。つまり過疎地の議員を減らして、人口密集地の議員を増やす今のやり方は、前時代的な方法であると思う。自然との融和の中から現代人は進歩する。

◉現代の愚民政策

政府は、何時までも支配しやすい状態に置く為に色々な方策を考える。例えば公立小、中、高の学校が平成十四年から週五日制を取り始めた事に関連した話題を取り上げる。

親が週五日制だから、子供も制度的に平等にして置くべき、と言う理由で始めたと聞く。この制度を取り入れるには、当然学校教育で習得する目標を下げなければならないとして、今までのものより低下させた。同時に曖昧にもした。愚民政策の仕上げと言うところか。

第二次大戦が終結し、それまでの大政翼賛政策が崩壊し、昔関東軍、今総評という変わり方が有った。何も言わせない政策から百家争鳴の感があったが、さにあらずやはり集団で何をやるにしても行動を共にして、個々の確立にはほど遠い制度にしてしまった。

マルクス主義は、もともと労働というものを刑罰という中で捉えている。西洋では労働をレイバーとワークと言う言葉に現す。英語のレイバーとフランス語のトラバーユは同じ意味で、刑罰としての労働を指す。その時々の正義は決して同じなどではない。

これらは、それぞれの征服者の価値観で変化している事と考えなければ正確ではない。その征服している者の価値観で罰になったり賞賛されたりする。この罰の償いとして労働がある。それがレイバーでありトラバーユである。

言ってみればヨーロッパでは、基本的な価値観として罰のつぐないが労働である。これからの解放がマルクスの唱える資本論だと私は理解している。

一方に少数派として労働を楽しみとし、これをワークと言って区別した解釈をする価値観がある。職種として弁護士とか、研究者、企業家等が居たとか。

日本は大多数が労働を楽しみの範疇にいれて戦前は過ごした。しかし、為政者はこの中で愚民政策を採った。戦後、戦前の考え方が封建的だとして、味噌も糞も逆転させた大変な時代だ。

資本家と戦う労働者、つまり西洋化である。この現象は個の発達ではなく利己ばかりが発達した。権利の主張だけを考え義務は負わない考え方である。形を変えた愚民政策である。

◉リーダーは愚民が大好きである

それは価値観を単純化させるとコントロールしやすいからで有る。我が儘にさせると飴の種類が単純で済むからである（飴と鞭）。

一つの例を挙げれば、住宅政策を見ると分かる。全国に団地を作るように指導し、県や市に住宅公社、或いはそれに準ずる部署を増やした。その結果、確かに一戸建てに入る人が続々出来て素晴らしい政策と拍手を得たが結果どうだろう。

　田んぼや畑をつぶし道路をつくり、住宅をつくり、その様な住み方が本当の意味のバラ色だと喧伝した。その結果、将来の食糧不足に備えるために何もしていない現象を生み出している。これで食料輸出国の言いなりになる構図が出来た。

　もっと悲惨なのは、人口が減少している東京を除く都市では空き家が増え、郊外の大型店だけが商売し易い町にした。

　当然、市町村の税収は落ちた。住民は収入は増えたけれども要らないものまで買い込んで、年中貧乏感に襲われている。それでも全体として中流意識が蔓延っている。

　それは高識字率の中で、独立自尊心なく公を頼る意欲のない人間ばかりが殖え、さらに嘆かわしい事に国会議員が中心になってラスベガスのようなギャンブルの施設を作ろうとしている。

　遊技場（パチンコ業）は、今でも生業の分類に入っていないのは、ギャンブル性が強く依存しやすい人間には薦めない。日本の社会をどこかの国のように生産性の向上を国の中心に出来ない所の真似をしようとしている。二百を超す国々が均一である必要はない。

　日本の特色が世界をリードしている構造を、軟弱にする必要が有るとする一部の人間たちの言を採用する必要はない。これらの風潮が自主性を壊す役割がある。

　その結果、政府が何をしてくれるか、何を指示するのかを待つ人間が増えた。これも結果ではあるが、倫理観のない人間がリーダーになりやすい環境を整えた。高級官僚、政治家のミスリードであるとマスコミも言わない。言わないと言うより言えないのだろう。今の社会をリードした政治家、官僚は誰と誰でこれからもリードする地位にいる、と言うことを言わないのはマスコミもお先棒を担いでいたからなのだ。

国民にとってマイナスになっている事を息長く追って、それを国民に訴えないマスコミだから、国民にとってなんの価値があるだろうか。どんな仕事でも価値がないものは、本来の意味から言っても無駄という。

国民は、愚民政策の片棒を担いでいるマスコミを利用してと思っているけれども、政治家と高級官僚、輸出企業とマスコミは「一つ穴の狢」と表現したい。何故同列に扱うかといえば、日本の未来よりも、今の自分が大事だと思っているグループに属しているからである。

その結果、国内の県庁所在地の殆どの市がシャッター街化し、その揚句、老人の割合が増え活力を無くしているにもかかわらず何の手も打たない。

若者が戻ってくる条件は、働く場所は勿論、未来が明るいかどうかである。大企業並みの給料が条件ではない。増して東日本大震災・津波被害の復旧速度が遅くて、そこに仕事を持っていた若者たちは避難場所の近くに職を見つけて過疎にますます拍車がかかってきている。この現状は、被災地の人々に夢も希望もなくする条件にさらに拍車をかけている。

もし地方の衰退化に歯止めをかけるとすれば、この際ターミナルを囲んで高層建築で、上階に県及び市が管理する住宅を建て、一階か二階までは土地の持ち主の店舗或いは貸店舗にし、三階以上は県営・市営の住宅にする。地方都市の再構築をする条件が整うのではないか。もし、今までの条件に合わないからと言っていれば、都市に入る市民が居なくなってから出来上がっても意味はない。

宮古市では、ターミナルの近くに市庁舎を建て替える構想が進んでいる。しかし、二、三年前に耐震検査をして、今後の使用に問題はないと診断されていたではないか。一階には津波の被害があったけれど、二階以上はまだまだ使用可能なのだから。或いは、隣の駐車場の上に不足の職場を作れば良いだけであろう。つまり一階は全体を駐車場にすれば利便性は高い。そして連動して、人口減から選出議員を少なくして、そこに住んでいれば小さくても山、畑等を見る人が居なくなって荒廃していく。

それを外国人が買いあさり、均衡ある発展からほど遠い状態を出現させていく。

国を守るとは、人が居なくなれば、すくなくてもそれを見る事が出来る議員を減らしていく。そして、その裏には弁護士がいる。と同時に裁判官も似たような側面を持っているように見える。この現象は色々あるだろうが、この国の将来に関係なく論じていて、今このようになっている事は、法律が現実に会わないからで改正する方がよいと踏み込んだ意見を言っても良いのではないか。

例えば、犯罪が減らない原因はここにあるので改めた方がよいとか踏み込んだ発言も有るであろう。

同時に、成年後見制度において後見人に弁護士が選任されているようであるが、事故が多く枠をはめなければならないと国会でも問題になった。弁護士が、その程度の人間でも成れるという資格なら、人の上に立つ人格者には遠い人でも成れる今の制度とは何なんだろう。

また、国の発展には関係ない裁判所が違憲だ、違憲だという。中央の連中が、国の行くべき姿を考えるのが関係ないみたいに結論を伸べている。少なくても今の法律ではこの様な方向の判定しかできないとは言えないのか。

われわれの望んでいることは食料問題、経済問題、人口問題、医療問題、環境問題ｅｔｃ。これらの諸問題は、どれをとってもわれわれに深い関連があり、それぞれの現在と近い将来に起こりうる事柄に対して、二十年先、五十年先、百年先のためにどんな手を打って置くことが良いのかどうか。その為のシミュレーションをして、国民に知らせ同意を経て政策の立案をする。本来この様なものなのでは無いだろうか。しかるにこの国はこれらの事になんの手も打っていないし、相変わらず対処療法だけをしている。

残念ながら、これは日本の宿命なのではないだろうか。それは政策を作るところ、法律の立案するところは政府イコール官僚であると言う理由。政治家はいるけれど、ほとんど官僚におんぶに抱っこされているのが現実。

理由は、政治家イコール官僚体験者で、先に記した対称療法オンリーだった人たちである。そして悪い見本が今のこの国の姿を見れば了解できる。

これらが現代の愚民政策ということである。

◉日本国土の均衡ある発展

政治家は、二言目には国土の均衡ある発展という文言を発する。しかしながら、その為の行動を取った試しがない。この一番の結果が東京一極集中の現象を具体化した。言行不一致の最たるものだ。

小泉純一郎氏が「自民党をぶっ壊す」と言いながら郵政民営化を断行した。われわれ商業者は単純に英雄視して後押しをした。ところが日本の資産を外国資本家の蹂躙に委ね、大手企業者に、苦しんでいる地方都市の商圏まで蹂躙させるために、大店法を二度も改正して中央の資本が吸い上げやすいように、仕組みを変えてしまった。

これが国土の均衡ある発展を実質的に不可能にさせた。地方の高齢者は、若者たちのように身軽に動けないことを見越して、今の現象を作った。もし良心があるならば地方の独自性を育て、県単位でも市単位でも、そこに住む人間が自分たちの市、或いは町を守るように指導して、その上に改革を断行すればいいではないか。アメリカの各都市では、市民が町づくりを責任を持って進める方法を採っているではないか。

その結果、大型店は都市の中には入れないようになっている。国会議員或いは、官僚たちは視察に行って何を学んできたのか。防衛・外交は国の守るべきもので、それぞれの地方の発展は地方に住む人たちが責任を持って守るべきとなぜ指導しなかったのか。

だが、しかし前述したように大店法の二度の改正は、今の現象をハッキリ見越してやったもの。

この時に、各地の商工会議所はなんの反応もしなかったことは、首脳部が容認していたということであったと解釈される。なんたることであろうか。

もっとも昭和二十八年の商工会議所法が成立して営利を目的にしてはならないという趣旨を拡大解釈している節がある。しかし、地方の発展が阻害されている事に対して何もしないということは、殆どの議員は地方の発展には関係しないという者が牛耳っている事実であろうか。

◉均衡ある発展の意味するもの

そして今、地方の土地・山を含む広大な田舎が外国資本に買い取られている。それを地方の行政が何も知らないという現象を国の代表者たちは「なんだこれは……」と言われるまで意識していないし、それを分かっていてもなんの手も打っていない事実。

アメリカが周辺諸国からの密入国者に手が回っていないし、その者たちがアメリカにいて子供が産まれるとアメリカ国民となると聞く。

コントロールできない状態の対岸のことを、わが国の責任を持っている全ての人たちは傍観しているようにしか見えない。

特に国政に出ている人たち、官僚たちの意識の低さが国を守り育てるという根本的な事柄に注意していない。この様な問題は多くの人が注意しあって、国の健全性を守るしかないではないか。国政に出ている人たちだけでは、ハッキリ言って間に合わないことが分かるわけだから、過疎地に住んでいる人の中から責任ある代表者を選出して国を守ることが必要であろう。

つまり均衡ある発展とは、人口の数だけの議員の選出だけではなく、相対的に人口の減っている地域を守る人を選出して、日本の隅々までの発展に繋げていかなければならないのではないか。この様な手当をして均衡ある発展が満たされると考える。

つまり国を守り均衡ある発展とは、人間を対象とする考え方は前時代的見識と言わざるを得ない。

◉人間は善人か悪人か

哲学者のトマス・ホッブズは「人は人に対して狼になる」と言う。中国には「性善説」をとなえた孟子がおり「性悪説」をとなえた荀子が居る。またキリスト教は「性悪説」と聞く。

昔から、色々な説が登場したが、どうもその時代背景と住民の教養が複雑にからみ合い、一概には断定が出来ないものと思う。

だが、しかし、強い人には従い、弱い人には強く当たる傾向は、洋の東西を問わずに言える様である。

中国の「十八史略」には次の言葉がある。

「人との交わりに勢交、賄交、談交、窮交、利交、素交、義交の七つの交わりがある」と言う。

勢交＝勢力のある人についてゆく交わり。賄交＝おこぼれに頼る交わり。談交＝弁舌の巧みな者に取り入る交わり。窮交＝弱点で結ばれる交わり。利交＝算盤勘定で結ばれる交わり。素交＝他に求むるところなく、純粋な生命の交流による交わり。義交＝為すべし、為すべからず、と決する良心の決定が義であり、信ずるところにしたがって結ばれた友誼。

したがって「管鮑の交わり」は当然、義交であり、素交であった。

此処まで細かく分けて解説をしていけば、今自分はどの様な交わりを望み、自分の周囲に何を求めているかを知る事が出来るのではないだろうか。そして、それは年齢に関連して感じ方が変わってきているようである。

だが、待てよと自問自答する。

それは歴史書を見ながら思う事なのだが、人間の欲望を得る方法の違いも学ばせられる事がこれには多い。そして、その人間がどの様な立場で表現及び実現しているかで、その人間の周りが大きく左右される。

欲望丸出しで、その国を席巻した政権や、人間の徳を全面に出して作られた国もある。それを見ると明らかに後者が皆をまとめた国は、全部三百年ぐらいはどれも存続されている。

ロータリアンの交わりは、ある時は師であり、ある時は徒で有るべきだとの関係と一業種一人の原則は基本として義交、素交でなければ成立はしない。

奉仕とは、この関係から生まれるものであると考える。そしてまた……。

◉己に如かざる者を友とすること無かれ

直前に掲げた「己に如かざる者を……」とは自分よりも優れた人、自分のできないことが出来る人、そういった人たちとの和の中に入る。また、自分の身近にある人の良い点を見つける事の大切さも、ここには表現されている。そうすることで自分が磨かれ選ばれるように、もっと頑張ろう、追いつこうと頑張る動機付けになる。

ここで藤原正彦氏がある本に書いていたものを引用したい。

「それはワイル氏は真・善・美は同じ一つのものの三つの側面と主張している。『知性（認識能力）、意志（実践能力）、感性（審美能力）のそれぞれに応ずる超越的対象が真善美である』と百科事典には記している。どうやらドイツから来た思想らしい。だとすると真善美と訳した日本人のこの三つの漢字のイメージは責任が重い。

真善美はひとつずつ眺めると結局、日本人の美意識につながっている。真の漢字には科学的真実のイメージよりこころの『まこと』に重心があるように見える。これは美のひとつの形である。善は倫理や意志を持ち出さなくとも人に歓びを与えること『よいこと』を指している。これも自分と他者との心地より関係のことであり、美のひとつの形である。真善美の美はそのまま、『うつくしいこと』を意味していて、美とは『命のようなもの』だ。

また真善美はすべて美のことである。なにか絶対的なもの、超越的対象を思い起こされるのはどこかで西洋的思考方法の芯になっている『キリスト教的価値観』に支配されてきた近代思想のせいなのではないかと思われる。

真善美を神の視座で無意識のうちに感じてしまうのだろう。日本人には神がいないとするとこの神を『自然』と置き換えてもいい。

こう考えてもいい。真は『自然の調和』であり、善は『人の調和』であり、美は『命の調和』であると。

調和とは生命がそうであるように死も含んでの調和である。自然との融和感覚でいうと生死のすべてを包含した、あるがままの調和である。」

この一文は、何か私たちが行動する時に、いつも心の底辺に、或いは余裕ある心を持つための指針として覚えておきたいものだ。

いずれにしても今の時代は、難しいことは避け、面倒なことには目もくれず、ひたすら楽な方へ、或いはマニュアルに従って動き、出来るだけ自分の頭を使わないように、面倒をしないように仕組む。そのとき自分は今までの教養と、体験、経験も無いに等しいように振る舞い指示を待つ。さも私は無能ですとか、死んでいますと表現しているように見える。

そして、その次は全員批評家になってののしる。自分もその時々の構成員であってもである。さもしい根性になったものだ。

ひと頃、植木等氏が一世を風靡した歌のように無責任を地でいっているのだ。

人は何時の時も、ムソルグスキーの「はげ山の一夜」のような恐怖を望み、反面にリムスキー・コルサコフのようにその完成によって大団円を望む。

しかし、現実は恐怖に近いところに何時もいる。五人組は中国とかロシアだけに居るものだろうか。

いつもそうなんだが、現実を考え、その次の展開を考えたときに一つには最悪のことを考え、一つにはキューピットが現れ、救世主が現れると希望的には行きたいのだがそうは行くまい。

◉名峰、早池峰山

毎朝の通勤時に橋の上で、名峰・早池峰山に出合う。頂上から裾野まで雪に覆われて、たとえようのない綺麗さだ。

この季節、特に晩冬は、四季の中で最も早池峰山の清廉さの目立つ時で、その他の山を圧して屹立している様は霊峰に相応しい。

深田久弥氏が、日本の百名山に記されている印象以上に、この宮古から望む早池峰山は素晴らしいと私は思う。恐らく深田氏はこの季節のこの山を眺望したことはないのだろう。

何処の山も毎日その表情を変えるが、早池峰山の変わり方は激しい。正に一瞬である。岩手山と姫神山、そして早池峰山の物語はこの事を物語っているのだろう。気性が激しい山なのである。それだけに岩手山が惹かれた意味が分かるのである。

岩手県は、北上川を境に西側は噴火で出来た山だ。東側は大きな島が日本列島に移動してきて合体された山塊であると言う。噴火で出来た高地ではないのである。その流れ着いた高地の最高峰が早池峰山なのだ。

早池峰山附近からは、翡翠のような石は未だ見つかっていないが、頂上を境に閉伊川の方面に緑色の石、遠野の猿ケ石川の方の物は真っ黒い色彩の石である。

いずれにしても、翡翠は尊ばれる石として求める人は多い。山体全部が宝石の親戚なのだから、他の山に比べること自体が可笑しい。したがって本来この山を表現することは、私の表現では間に合わないのである。

唯々言いようのない山、早池峰山である。早池峰山は綺麗な山だ。その内に全山が薄緑色の高価な翡翠になるかもしれない。

早池峰山は、日本全国・難読地名の中に入っているが、われわれは昔から不思議に思わないで使ってきた。はやちねさん、響きも良い。

結論が長くなったが、日本は火山列島だが、この北上高地は火山で出来た山ではない。有史以前に地球上に浮かぶ一つの島であったと地球学者は言うし、或いは遠い宇宙をただよって居た小さな天体が地球に引き付けられて地球の一部になったのだろうか。それは定かではない。

それは地球上のハワイ諸島よりは二〜三〇〇キロ北に位置し、海嶺から海構のプレートが移動するのに従って、日本列島に吹き付けられたものに違いないと思いたいのである。

今のハワイ諸島は、何億年の後に北海道の北に移動するとの予想（プレート・テクニクス論）だけれども、二億年前の日本は大陸の一部で、勿論日本海はなかったと地球物理学者は言う。翻って、これからの日本列島を想像すると活断層のある糸魚川・静岡構造線を境に二つになる可能性があるが、それは分からない。しかし、分かっている事は一つ。

流紋岩の様な比重の重い岩石は、普通は地表より下の方にある筈なのだが、何故か早池峰山は地表に露出している。四十五億年前の地球が出来る時に、外の天体から降ってきた岩石の可能性も有るらしい。地球内部からの噴出物であれば、鉄みたいに比重の重いものは火山が形成するときに出てくるし、流紋岩が山の上に出ている例は少ないらしい。だから例が少ないので素晴らしいのかもしれないし、そしてそれがロマンをかきたてる原因かもしれない。

だから輝くような山である。きれいだなぁ。

【注】蛇紋岩（じゃもんがん）は、その名前のように、暗緑色～黄緑色の、蛇の皮のような模様をした岩石だ。特に美しい蛇紋岩は貴蛇紋岩と呼ばれ、彫り物や装飾用の石材としても使われている。

蛇紋岩は、かんらん岩などが水を含んで変質してできた岩石である。かんらん岩は二酸化ケイ素が他の火成岩（かせいがん）に比べてずっと少ない（四五％以下）超塩基性岩（ちょうえんきせいがん）で、マグネシウム、鉄などを多く含んでいる。

地殻（ちかく＝固体地球の一番内側）は、大陸が花崗岩や安山岩（あんざんがん）のように二酸化ケイ素が多い岩石、そして海洋が玄武岩（げんぶがん）のように、二酸化ケイ素が少ない岩石からできており、かんらん岩のように酸化ケイ素が少ない超塩基性岩はあまり存在しない。超塩基性岩は、地殻の下のマントルをつくっている岩石といわれている。

それでは、なぜ、地殻に存在する超塩基性岩が、北上山地に分布しているのだろうか？　その謎は岩石組成（がんせきそせい）や、まわりの地層を詳しく調べたり、岩石に残された磁気を測定することなどで除々に明かされつつある。

県内で蛇紋岩が分布している代表的なブロックの一つに、盛岡～早池峰山（はやちねさん）～釜石と北上山地を斜めに横切る細長い地域、早池峰構造帯（はやちねこうぞうたい）がある。北上山地は、この早池峰構造帯を境に、地層の堆積環境や時代が異なることから、北側を北部北上帯、南側を南部北上帯と呼ばれている。北部北上帯は、深い海の堆積物が厚く堆積しており、化石はあまり含まれていない。早池峰山（一九一七m）は、岩手県第二位の高さの山で、早池峰信仰としても有名な山だ。

早池峰山は、超塩基性の強い蛇紋岩の巨岩で全山が覆われ、この特異な環境から独自の進化を遂げた植物が多く特徴ある山だ。ハヤチネウスユキソウ、ヒメコザクラ、ナンブトラノオなど早池峰山のみにしか生育しない固有種が沢山ある。

また、サマニヨモギやトチナイソウなどのように早池峰山を南限とする北方系の高山植物も多く見られる。この為、早池峰山の高山植物は国の特別天然記念物に指定されている。

早池峰山の南には、遠野に至る道を挟んで薬師岳が対峙している。僅か道路一本隔てているだけであるが、早池峰山が超塩基性の蛇紋岩の山であるのに対して、こちらは花崗岩の山だ。優白質な粗粒の顕晶質の深成岩で，主に石英，カリ長石，酸性斜長石、長石からなる岩石を総合して呼んでいる。

ここでは、ヒカリゴケやオサバグサの群落を見ることが出来る。

一方、南部北上帯は古生代シルル紀から中生代白亜紀（はくあき）までの比較的浅い海で堆積した地層がよく揃っており、化石の産地として有名である。

現在、地球上の様々な現象は、地球表面を覆っている十数枚のプレートの移動によって起こると説明されている。プレートは絶えず移動しつづけ、同様にその上にある陸地や海も移動し、割れたり、衝突したりしながら現在の姿になったといわれる。古生代の前半には、南部北上帯の原型は南半球で浅い海の堆積物を堆積させる陸地としてすでに存在していた。やがて、その一部がプレートの移動によってユーラシア大陸の原型に衝突、南部北上帯をつくった。その後、深い海の堆積物がプレートのに乗って南部北上帯の外側に加わりつづけて今の姿になっている。両者の境の断層帯（だんそうたい）が、早池峰構造帯と呼ばれている。早池峰構造帯では激しい断層運動（だんそううんどう）によって過去のプレートの一部が表面に露出し、浸蝕（しんしょく）されているのだと考えられている。

◉地震そして津波

二〇一一年三月十一日（平成二十三年）、東日本大震災が起きた。今その復旧に被災地も国も呻吟している。

ここでは約千年前、貞観十一年（八六九年）に陸中国の大地震の被害が宮中に報告され、そのために時の清和天皇が祇園祭を開催させたと言う。

由来によると、祇園祭は貞観十一年に全国に疫病が流行った際と陸中国の大地震の被害、貞観の富士の大噴火（八六四年六月・八六六年初頭）等の災害を何とか鎮めたいとの願いが発端と言われている。

祇園社から神輿を出し、当時の日本全国の国の数である六十六本の鉾をたてて、神泉苑に送り込み、疫病退散の祈願をしたものがはじまりだとか。もともとは祇園御霊会と呼ばれていたと言われている。

この項目を書いている今は、二〇一一年九月、震災から半年、復旧の目途になるものの計画が未だ出来ていない。
そこで私は、次のように考える。

◉津波災害復旧の一方法

我が国に、多大な影響を及ぼした地震・津波は、明治五年の浜田地震から平成二十三年三月の東日本大震災まで、主な地震だけで十九回を数える。この中に津波を引き起こした災害は十一回。死者約十六万人、ほとんど津波による犠牲である。百三十九年の間にである。

今どの様に周知させるべきかを国、県、市町村で悩んでいる。特に国が津波のこない高台を指示したために県、市町村は選択の余地がないために四カ月強、結論が出ないで居る。

恐らく個々人は、いろいろの案を持っていると思うが、下手にそれを主張すると、国からその為の費用の補給をして貰えないのではと、案を出せないのではないかと勘ぐったりもする。

東日本大震災の津波から四年が過ぎた。ようやく復旧が軌道に乗ってきたように感じている。流失した地区では、この間、何度となく復興の為の集まりがもたれたが、結果として曲折して時間だけが経過しただけだったように感じている。集まることが目的化して、なかなか絞りきれないようだった。

この中で市当局は道路の位置、かさ上げする高さを早く示したらと何回か感じた。

そして早い内に広い土地を持っている地権者に七、八階建ての住宅を建てさせ、仮に埋め立てで一階部分が地階になったとしても倉庫として使えるのではと思った。

また、震災前から河口に高い可動堤防を建てて、それで津波を防ぐという考えである。川には上らないけれど、そのエネルギーは予想がつかない動きをした。そして明治二十九年の津波では襲ったことがないところまで波が押し寄せた。被害が拡大したと私は見ている。どうも津波の動きを体験したことがない人が設計しているように感じる。そういう意味では人災も加わったと思われる。

リアス式海岸と広い海岸線の地区とは、津波は動きが違うことを理解していない。特に川がある地域は、川を利用した減衰方法を考えるべきであろう。宮古地区で言えば、閉伊川と津軽石川を利用して、津波のエネルギーを減衰させることが良いと考える。

カスリン・アイオン台風は、昭和二十二年・二十三年と二年連続して日本を襲った。そのあとに堤防が作られたが、あの時の河床の高さであればエネルギーを吸収し、その効果がうかがわれる。しかし、今回はあの時から二メーターも高くなっているが……。

毎年、土砂を取らせると河床は高くはならないと思う。実際、私は高台から津波を見ていたが、湾内に入ってきて、湾奥の高い堤防と高い可動堤防にぶつかった波が、両岸に別れて襲っていった。それが過去には無事だった集落まで襲ったようだ。エネルギーの減衰に失敗したと見たのだ。

また、高浜地区の場合、浜の海水がほとんど無くなり（引き波）、それから第一波、この繰り返しが津波である。そして第二波の被害が一番大きい。

したがって、湾の真ん中を返し波が通らない構造を作ったわけだ。だから人災というわけである。

また、宮古で遺跡の発見は、全部高台である。当然低い所には津波が来て居るから、低い所には無いのが当然だけれど、昔の人でも津波は怖いから、その都度高台に逃げたのだろうが、またぞろ低い所に小屋を建て道具を置き、その内に時々その小屋に泊まり、それが常態化され、繰り返してきた。

身近な人々の死を目の当たりにして、時間が余り経過していないので、葛藤の中では、まだまだ遠くから眺めて居たい心境が強いのだと推察できる。

また、今置かれている状況を考えると追い立てられる心境には間があるのかもしれない。当市とすれば老人対策を加味した復興計画を一緒にまとめる事を絶対条件とする事もあろう。

また、これは老朽化した市営住宅の立て替え条件からも、逃れる事は出来ないことも同根と考えられる。

戦後民主主義を標榜し、その追求から個人主義の極致を目指しているように、われわれの目からは見える。

二百を超す国々を一つの基準で目指すという機械文明の馬鹿らしさが垣間見える、この異常の中にそれぞれの国の特徴がなくなる。そして、この現象は国家予算の窮乏をますます呼び込む結果に他ならない。

宮古市は、その愚かさを目指してはなるまい。フランスの大家族奨励を見るまでもなく、当市は複数世代を一家族単位として老人の世話、子育てを同時に解決し、重傷にならない仕組みと、それを超えた時に、公の関わりを普遍化することが、当市も日本にも最もしっくりいくと考える。

この範疇の市営住宅計画、ターミナルを囲む住宅計画は、三〇％を超した高齢者を、健康な市民づくりとのコラボレーションで、復旧計画に結びつけるチャンスである。その様な意味合いから特区申請は利用価値がある。

さて、今われわれを取り巻く技術から考えると、時間と金と技術と言い換えると立体的な構造物にした方が実際的ではないだろうか。

コンクリートは千年持つものが技術的に確立していると言われている。また、鉄骨の方が耐久、改装を考慮した場合有利になるのではと考える。それらを使って地上二十階程度のビルを建て一、二階は直接収入を得る場として使い、その上を住まいとして使用する。この場合は市営・県営の住宅でもいいのではないか。平面に住宅が建ち、多くの面積を占拠した今までの自然発生的な町づくりから近未来に通じる町づくり、それは津波から逃げるのではなく立ち向かって行く方法を考えるチャンスではと考えるのは不遜であろうか。

津波で被害を受けると想像される場所に、それに耐えられる一階、二階の構造。そして津波が来るであろう方向に船の舳先のような構造物を建てれば強度は増す、と考えるのは素人だろうか。

道路は広くとれるし、町全体が明るくなると思う。そして、その上に埋め立てをどうしてもしたいならば、道路を高くした為に暗くなるビルの一室は倉庫にすれば良いではないか。

何よりも、その様なセメントを全国に先駆けて使用する事は、学校を始め、公共物が千年保つし、自治体の社会資本にかける予算が一％を下回るのではないか。そしてその技術をいち早く習得して他地区に売り込みをかける企業を育成するチャンスでも有る事を考慮すれば、また希望に繋がる。

◉津波災害復旧の一方法［その二］　海の上の町づくり

ヴェネツィアと聞いて、われわれがすぐ思い浮かべるのは、ゴンドラとシェイクスピアの「ベニスの商人」というところであろうか。偶然にも、この二つはヴェネツィアの栄光の歴史を見事に象徴している。

西暦四五二年、ローマ帝国末期。イタリアの北東、ベネト地方に住む人々は、押し寄せるフン族から逃れるために、ポー川とピアベ川がアドリア海に注ぐ河口の、葦が一面に茂っているだけの潟に移り住んだ。彼らの新天地には、魚のほかには、何一つなく、住居を作る木材や石材すら持っていかねばならなかった。

沼地の浅い部分に二メートルから五メートルほどの松材の杭を大量に打ち込み、その上に石材を積み重ねて地盤を作る。さらにその上に住居や広場や道路をつくる。沼地の深い部分はさらに掘り下げて、河口の水を流し、船が行き交いできるようにする。ゴンドラが通る運河とは、陸地を掘って河にしたのではなく、逆に海を埋め立てて残った部分なのである。

本土側から列車で長い鉄橋を渡っていくと、海の上に直接浮かぶように、多くの家々や教会が並ぶヴェネツィアの町並みが見える。千五百年以上もの昔から、何世紀にもわたって、人々が力を合わせて、海の上にこれだけの街並みを築いてきた。ヴェネツィアのゴンドラとは、このような偉大な努力の象徴なのである。

◉ベニスの商人

もう一つの「ベニスの商人」は、人口わずか十万人程度のヴェネツィアが地中海貿易の三分の二から、四分の三を独占していたことを象徴する。

十世紀頃のヴェネツィアの主要な輸出品は、木材と東欧からの奴隷であった。それらをエジプトのアレクサンドリアでイスラム商人に売り、金銀で支払いを受ける。その金銀を持ってビザンチン帝国の首都コンスタンチノープルで香辛料や布地、金銀の細工品、宝石類などの商品を買い込み、ヴェネツィアに戻る。

途中の寄港地、アドリア海沿岸、ペロポネソス半島、クレタ島、キプロス島などには、植民都市を作り、商船隊の保護を行った。とくにアドリア海では、スラブやサラセンの海賊を取り締まる警察の役割を果たし、その代償としてビザンチン帝国内での自由な商業活動を認められた。帝国の首都コンスタンチノープルには専用の居住区を設け、約一万人ものヴェネツィア人がいたと言われている。

しかし、諸民族の入り混じる東地中海で、交易を維持するためには、他国との絶えざる争いを続けなければならなかった。一二〇四年、第四次十字軍の中核として、コンスタンチノープルを征服し、東地中海の覇者となると、一二五八年から約百二十年間、ライバルの都市国家ジェノバとの四度にわたる戦いを続け、さらに一四七〇年からは、実に二百五十年間にわたって、宿敵トルコと七度もの死闘を戦い抜いた。

当時のトルコは、人口千六百万人の大国である。北イタリアに広がっていた属領を含めてもヴェネツィアは百四十五万人、実に十倍以上の大敵であった。

このように激しく戦い続けながら、六九七年の初代元首就任から、一七九七年ナポレオンにより征服されるまで、実に千百年間、ヴェネツィアは独立を維持したのである。

他の都市国家と比較して、ヴェネツィアの長寿ぶりは、他の都市国家と比較するとひときわ顕著である。ライバル・ジェノバは一三百八十年のヴェネツィアとの戦いを最後に、独立した海洋都市国家としての勢いを失い、短い期間を除いて、フランス王やミラノ公、スペイン王の支配下に入った。

◉周囲を見回せば

さて、現代において武力を持った戦いでは、国対国の対立以外にはないけれど、経済の戦いは国内、県内と毎日続いている。

そして、この地区の現実は海産物、産業・観光など当地区は残念ながら全て負けてきた歴史である。

なんの場合も「原因があって結果がある」と考える。そしてこの中に一つだけ勝つ方法がある。それは仕事を通じてどう戦うか。同業者を督励して、県単位でどう戦うか。各界各業種を通じてどう戦うか。

つまり各々の地区住民として、地区単位・県単位として、どの様に意識させ、〝自分を守るのは自分だ〃という意識を、どの様に根付かせることが出来るかにかかる。

基本的に、地区民の意識が固まれば、国までは動かすことが出来ると考える。そして味方は人間だけに単純化させることはない。山も川も海も自分たちを取り巻く全ての意見が、私たちの味方であることを忘れてはならない。人間だけが意見を言う訳ではない。

耳を澄ませば、私たちを取り巻く自然を含めて、全てが意見を持っている。それを人間が代弁し、主張することが人間の役割でろう。

例えば、選挙を考えてみよう。今の選挙制度は人間の数で決まってしまう制度を取っている。これは不自然である。

確かに世界を見渡せば、全てこの様な仕組みで作られている。しかし、このやり方は地球上で発言しているものは人間だけと考えた仕組みである。この地球は人間だけのものではない。

確かに音として聞こえてくるもの、ぐずぐず文句を言っているものは人間だけであるのかもしれないが、人間の主張だけが地球をコントロールしているわけではない。むしろ無言のあらゆるものが主張しているはずである。今までこれを断片的に言っていた人たちはいる。人間の支配している一面だけをとらえて、地球を勝手に支配してきたわれわれ人間は、今立ち止まって人間の一面的な目で見ないで、自然全体を見回し、これまでの私たちが行使してきたやり方で、この地球の将来はこれまでの考え方でよいのだろうかとまず考えている時ではないかと、愚考するものである。

われわれの周囲の自然は食い荒らされ、放置され、傷だらけの自然にされている現状にまず目を転じてみようではないか。

そして、この現状から今の選挙制度を考え合わせると、このままで良いだろうと考える人は居まい。何故なら、人間の生きるという観点で見てきた今は、そしてこの延長線上で未来を見た時、愕然としない人間は地球人ではない。

自分の経済的論理で、地球をかき回し自然の気候まで変えてきた。この罪を指導的な位置にいる大国は無視し続けている。しかし、この日の本の国は、この現状を率先して打破出来る方法として、国土全体を大所高所から見れる人を国会に送り出し、議会から日本の自然を、経済人間の議員諸氏の価値観を変えさせ得る時になっていると思う。

この具体的やり方は、人間の数から選ばれる議員とは別に、それぞれの、例えば北海道に何人、東北に何人、関東に何人、中部に何人、という割合で選び出して、この国土全体と、自然と対話出来る人間を国会に選出する時代になっていると私は提案したい。

この日本の隅から隅まで管理できなければ、人間の欲望の経済原理を変えることを提案したいのである。

そして、そこに至る段階を考えながら、皆でそれぞれ具現化しようではないか。最終目標として、この自然を誰よりも愛し、それぞれの特徴を誰よりも理解し、それをそれぞれが世の中に表現していくかが問われている事をお互いの常識としたいものだ。

したがって、日常的にそれぞれの表現方法で答えていくことを共有したい。しかし現状は、重要な責任ある地位に就いている方々は、この町を富ませる事に淡泊であったと感じている。

いつも思うのだが世の重要な立場にいる人は、それだけ重要な役割があり、その役割を利用して役に立つ事である。

しかしながら現実は、その様になっていない。悪く言えば地位だけを守る事と、その役割を利用して自分の田に水を引く。プライドが全くないに等しい。これは別なところに主眼を置いていると思われてもしようがない。

そして、それは権威とプライドに主眼をおき、いざ責任はと問われるときには、一市民と同じだと逃げている。その結果、海の物、陸の物、観光等々が、各々産業として成長できなかった事になってしまった。

この震災・津波の惨状から回復復旧するに当たって、一気にこの覆われている空気を逆転させることを条件に整備することを考えると、ただの復旧ではそこに住まいする人も、外部からおもしろい宮古に住んでみたいと考える人も、魅力を感じないのではと愚考するものである。

同時に、前に住んでいた方に戻ってきませんかと言うことは欠かせないけれど、新しいこの町づくりに参加することを呼びかけることが第一義ではと思っている。

その為には、本来のこの町の魅力を伝え、この町の魅力をその方々に発見して貰い、新しい宮古市は、新しい宮古市の魅力はこの様にした方がこの町に相応しいと、町づくりに参加する。

この様な基点で〝新生宮古作り〟をしようとの気持ちが、今の宮古市には必要であろう。震災で良いも悪いも破壊されたから、恐れずに言えば、この現象を善意に捉えて行くことが一番の要素であると考える。

【御破算】という言葉は、

（一）そろばんで、珠を全部払って前にした計算をこわし、新しい計算のできる状態にすること。ごはさん。「……で願いましては」

（二）今までの行きがかりを一切捨てて、元の何もない状態に戻すこと。ごはさん。「約束を……にする」と有るけれど、これぐらいの意気で町づくりを考える時であると思う。

山﨑 秀男（やまざき ひでお）

1936 年　岩手県宮古市（旧川井村箱石）に生まれる。
1950 年　岩手県立宮古高等学校定時制川井分校に入学。
1954 年 3 月　卒業。
1954 年　宮古教科書販売所部門に入社。この仕事は繁忙期と閑散期が極端に有るため、小学校、中学校、高等学校で使用する産業機械、理科機械、後年教材用具等を販売品目に加えた。
その後、楽器販売と音楽教室の経営に参画。1892 年から続けている小売店舗の充実と岩手生協ドラのインショップに参画した。これらの仕事を通じて同僚、お客様、仕入れ先、同業者を知り人間の面白味を知った。
これまでの人生で、キャサリン、アイオン両台風、チリ地震津波、東日本大震災等を体験して感じたことを今回の本に表現した。

町づくり　疲弊する地方都市　本当の地方再生とは何か

2018 年 2 月 9 日　第 1 刷発行

著　者　山﨑 秀男
発行人　大杉　剛
発行所　株式会社 風詠社
〒 553-0001　大阪市福島区海老江 5-2-7
ニュー野田阪神ビル 4 階
Tel 06（6136）8657　http://fueisha.com/
発売元　株式会社 星雲社
〒 112-0005 東京都文京区水道 1-3-30
Tel 03（3868）3275
装幀　2 DAY
印刷・製本　シナノ印刷株式会社

ISBN978-4-434-24175-8 C0036

ＪＡＳＲＡＣ 出 1800295-801